U0864229

AI

青少年

人工智能实战

应用篇

张泽治　刘名卓◆主编

北京航空航天大学出版社
BEIHANG UNIVERSITY PRESS

内 容 简 介

本书采用项目式学习法，通过简单、有趣、实用性强的小案例，让读者能够轻松体验和学习深奥的人工智能技术。同时，每个项目通过无代码的人工智能学习网站、拖拽式的积木编程、少量代码的 Python 编程等多种方式实现，读者可根据自身水平选择合适方式进行学习体验。

本书共分 7 章，序章总述人工智能，第 1～6 章分别从图像处理、文本处理、机器翻译、语音识别、机器学习和自动驾驶等几个领域向读者普及人工智能知识。

在学习本书前，读者应初步掌握 Python 语言的基础语法、第三方库安装等基础知识。

本书经过精心策划，概念清晰，既可作为青少年人工智能学习用书，也可作为人工智能爱好者的自学读物。

图书在版编目(CIP)数据

青少年人工智能实战. 应用篇 / 张泽治，刘名卓主编. -- 北京 ：北京航空航天大学出版社，2022.5

ISBN 978-7-5124-3808-8

Ⅰ. ①青… Ⅱ. ①张… ②刘… Ⅲ. ①人工智能—青少年读物 Ⅳ. ①TP18-49

中国版本图书馆 CIP 数据核字(2022)第 081744 号

青少年人工智能实战(应用篇)

张泽治　刘名卓　主　编

策划编辑　刘　扬　　责任编辑　孙玉杰

*

北京航空航天大学出版社出版发行

北京市海淀区学院路 37 号(邮编 100191)　http://www.buaapress.com.cn

发行部电话：(010)82317024　传真：(010)82328026

读者信箱：qdpress@buaacm com　邮购电话：(010)82316936

保定市中画美凯印刷有限公司印装　各地书店经销

*

开本：787×1 092　1/16　印张：14.75　字数：281 千字

2022 年 6 月第 1 版　2022 年 6 月第 1 次印刷

ISBN 978-7-5124-3808-8　定价：69.00 元

若本书有倒页、脱页、缺页等印装质量问题，请与本社发行部联系调换。联系电话：(010)82317024

编写委员会

主　任：姜学环

副主任：张青海　唐　超　郭　辉

主　编：张泽治　刘名卓

副主编：王晓峰　黄　涛　吴　昭

编　者：孙　林　林　燕　刘晓平　王龙欣

王伟祥　位文远　宋亚北　阎秀丽

序言

当前，人工智能正深刻改变着各行各业的原有面貌，使原本烦琐的工作变得更加轻松、便捷。人脸识别、语音输入、健康监测正被越来越多的人接受、使用，许多想象中的科技生活正一步步向我们走来。不可否认，人工智能的发展已是大势所趋，也许在你还没反应过来的时候，智能技术带来的惊喜已让你感到“措手不及”。

人工智能在教育领域的应用显然会受到更大的挑战。因为，教育不能仅仅追求效率、提供便利，更要为学习者提供美好的学习体验，提高学习者的能力素质。这就需要遵循教育规律，突破教育瓶颈，创设新的教育场景，实现人自由、自主、个性的发展，最终实现人的全面发展。

近年来我国出台了一系列的政策来促进和保障人工智能教育的发展。2017 年 7 月国务院印发的《新一代人工智能发展规划》中要求，逐步开展全民智能教育项目，在中小学阶段设置人工智能相关课程、逐步推广编程教育、建设人工智能学科，形成我国人工智能人才高地。2019 年 5 月国家主席习近平在给国际人工智能与教育大会的贺信中指出，中国高度重视人工智能对教育的深刻影响，积极推动人工智能和教育深度融合，促进教育变革创新，充分发挥人工智能优势，加快发展伴随每个人一生的教育、平等面向每个人的教育、适合每个人的教育、更加开放灵活的教育。2019 年 10 月，中国共产党第十九届中央委员会第四次全体会议通过的《中共中央关于坚持和完善中国特色社会主义制度、推进国家治理体系和治理能力现代化若干重大问题的决定》在构建服务全民终身学习的教育体系中指出，发挥网络教育和人工智能优势，创新教育和学习方式，加快发展面向每个人、适合每个人、更加开放灵活的教育体系，建设学习型社会。由此可见人工智能教育在我国国家战略中的重要意义。

同时，不少教育工作者、研究人员也在思考着如何将人工智能教育在青少年教育中落地。2021 年 10 月中国教育学会中小学信息技术教育专业委员会发布的《中小学人工智能课程开发标准（试行）》中包含了课程性质、课程理念、课程定位、培养目标等内容，详细说明了青少年在中小学阶段会学习什么样的人工智能课程、为什么要学习、最终要实现什么样的目标。在这样的标准指引和研究的基础上，山东省青岛市崂山区的信息技术教研团队从实践出发，编写了《青少年人工智能实战》（基础篇、应用篇）。本套书通过项目学习的方式由浅入深地剖析图像处理、语音识别、人脸聚类、无人驾驶等人工智能的相关应用案例，内容翔实、案例丰富。广大青少年读者、一线教师和普通学校都能或多或少从中获益。

对于广大青少年读者来说，书中的应用案例与实践项目均来自生活实际，每一部分内容都需要读者动手体验，完成挑战。读者在学习人工智能相关知识的同时，可以探索智能技术的创新应用，从而培养高阶思维能力。

对于一线教师来说，书的字里行间体现出编委团队日常在指导人工智能实践过程中的经验和对人工智能教育的思考。书中的每个案例，均经过编委团队的反复推敲和实验，保证了内容的科学性和准确性，使一线教师可以快速上手指导人工智能实践。

对于普通学校来说，书中纳入了多种硬件和软件平台，软件方面尽可能选择开放的、容易获取和上手的平台，硬件方面尽可能选择质优价廉的。这样即便是条件有限的学校，也能使用本套书开展基础的人工智能实践活动，普惠更多青少年。

未来已来，人工智能蕴含着的巨大能量必将对教育产生变革性影响，而如何使这股能量产生正向的推力，使教育发生良性的变革，需要广大教育工作者一起携手努力。

2022 年 1 月 23 日

前言

人工智能(Artificial Intelligence)在全球范围内迅速发展,正在深刻改变着人们的生活和思维方式,为社会发展开启新的范式。国务院印发的《新一代人工智能发展规划》中明确提出要加快人工智能创新应用。文件要求:"开展智能校园建设,推动人工智能在教学、管理、资源建设等全流程应用""广泛开展人工智能科普活动""实施全民智能教育项目,在中小学阶段设置人工智能相关课程,逐步推广编程教育"。这表明国家在战略层面上对基础教育阶段的教育提出了面向新时代的要求,任务明确而艰巨。

对各位青少年朋友而言,人工智能的学习是一个由浅入深的系统过程,要想在未来人工智能海洋中畅游,需要具备算法思维和解决问题的能力。本书结合青少年学科知识结构和认知能力,经过四至八年级各学段骨干教师的课堂实践,在高校及科研院所专家的指导下,形成完整的课程体系,由编者汇总编写而成。

本书将专业化的人工智能技术融入项目式实战中,以生活化的应用为主线,将人工智能内容结构化,注重青少年能力导向,训练其探索意识能力和实践能力。每部分除了提供必要的知识内容,还会通过让读者完成一些生动有趣的小案例,使其在动手实践中体验和感悟人工智能知识。在实践应用环节编者尽量提供开源平台、商业平台、硬件资源三种方案供读者选择,目的是让读者通过实践应用培养科学思维,锻炼动手能力,更好地理解人工智能知识而不是强调使用某个平台或硬件。

本书共分 7 章,序章总述人工智能,1~6 章分别从图像处理、文本处理、机器翻译、语音识别、机器学习和自动驾驶等几个领域向读者普及人工智能知识。综合实践项目为社团和培优内容,在项目式应用的基础上实现跨学科(科学、技术、工程、艺术、数学)教育,使读者在人工智能进阶过程中明确如何驾驭自己的发明，实现人类的智能进阶。附录将各章节中用到的软件安装及相关函数进行统一的汇总和说明，方便读者查阅。

在本书编写过程中，北京市海淀区教育科学研究院信息技术研究中心的马涛主任、中国海洋大学的陈凯泉教授、青岛市教育装备与信息技术中心的李晓梅老师和黄建勇老师、商汤教育研究院的戴娟院长，都对本书提出了宝贵意见和建议，在此对他们表示衷心感谢。

本书力求做到理论和实践的完美结合，但人工智能是一个技术含量极高的综合应用领域，尤其是一些技术用到了高等数学的算法，为保证青少年读者的学习与理解，编写组对这些知识进行了形象化处理，让读者在应用中感悟知识。由于编者水平有限，编写过程中错误与不当之处在所难免。在本书使用过程中，如果您发现错误或有好的建议，请您将其发送至邮箱 64345898@qq. com，以便编者修订。

本书所有范例程序、学习资源包及素材文件可通过扫描下方二维码关注公众号后，发送关键词“资源下载”获取。

编　者

2022 年 2 月

目 录

序　章　人工智能——从梦想照进现实

从梦想到现实，从实验室到日常生活，人工智能来到了我们身边。

究竟什么是人工智能呢？

如果人类和动物自然产生的智能叫自然智能，那么，在人的设计与帮助下，机器通过学习模仿自然智能并探索产生的新智能就叫作人工智能。

1. 遥远的梦想

人类关于人工智能的想象是从什么时候开始的呢？

其实早在几千年前，人类便有了关于人造生命或者是制造机器人的想法。这些奇思妙想通过神话和传说流传至今，深刻地影响着后人，让人工智能的梦想如种子一般，慢慢生根发芽。

西周周穆王时期就有偃师造人的故事。三国时期，蜀国丞相诸葛亮发明的木牛流马，专为蜀汉大军运送粮食。在古希腊神话中，神创造了一个负责巡逻和守卫的青铜巨人塔罗斯。1769 年，德国的一位发明家设计制造了一个会玩象棋游戏的机器人——“土耳其人”，它曾击败过拿破仑和本杰明・富兰克林等名人。

不难发现，无论是东方还是西方，人类很早便有了对人工智能的想象，想象中的人工智能都具备人类的某种智能，有时甚至连外形都和人一样。

2. 人工智能(AI)诞生

1950 年，计算机科学和密码学的先驱阿兰・麦席森・图灵设计出一个测试：如果计算机能在 5 min 内回答由人类测试者提出的一系列问题，且其超过 30%的回答让测试者误认为是人类所答，那就可以认为这台计算机具有了人类的智能。这就是著名的图灵测试，如图 1 所示。

1956 年 8 月，在美国汉诺斯小镇的达特茅斯学院（见图 2）中，一群科学家聚在一起，讨论一个完全“不食人间烟火”的主题——用机器来模仿人类学习以及其他方面的智能。

会议足足开了两个月，虽然大家没有达成普遍的共识，但是却为会议讨论的内容起了一个名字——人工智能（AI）。

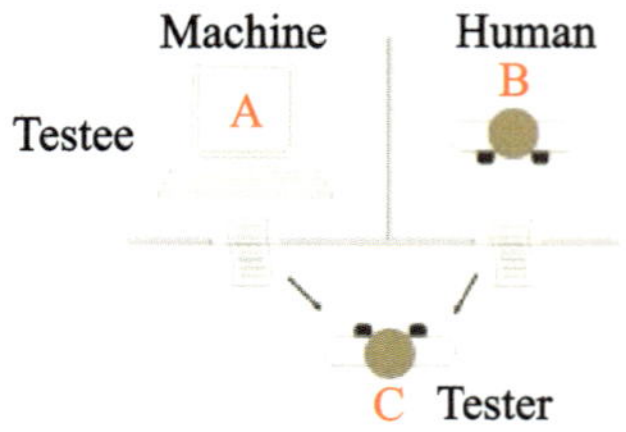

图 1　图灵测试

图 2　达特茅斯学院

3. 曲折的探索

人工智能的发展和很多科学技术的发展一样，并不是一帆风顺的。1956 年达特茅斯会议之后的几十年间，人工智能的发展经历了三次热潮、两次低谷。图 3 呈现了 60 多年以来人工智能的发展变迁历程。

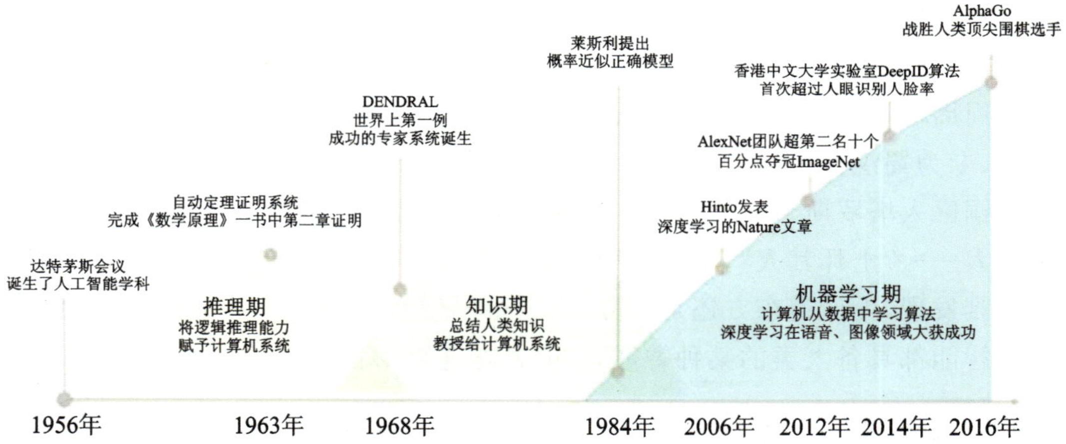

来源：艾瑞根据专家访谈、公开资料等研究绘制。

图 3　人工智能的发展变迁历程

4. 神奇的现实

现在，人工智能技术已经走进我们的现实生活（见图 4）：校门口的智能测温系统自动测温；课后托管刷脸打卡系统记录师生出勤；智能音箱、语音助手、智能客服时刻为我们的生活服务；智能仓储物流机器人已经能飞速地分拣、运送包裹，智能地规划和选择行进路线，避免拥堵；汽车自动驾驶技术可以完成自动泊车、转向、调整路线等任务……

人工智能时代已经到来。

图 4　生活中的人工智能

5. 畅想未来

未来，交通、家庭、教育、医疗和公共服务等领域，都将因为人工智能发生翻天覆地的变化。图 5 呈现出对未来人工智能生活的畅想。

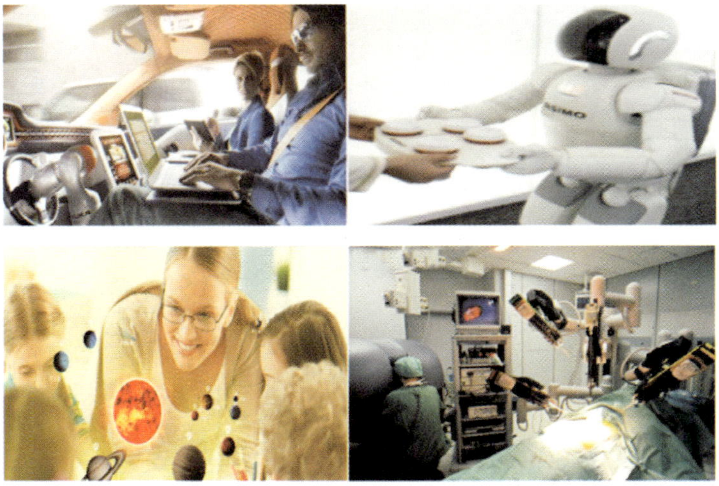

图 5　人工智能与未来

无人驾驶、车联网实现车车联通，依托智能环境感应技术和交通场景感知技术，可以减少交通事故发生，实现零伤亡。有了人工智能的加入，个人不用购买汽车，使用共享交通工具出行，可以减少停车场的建造数量和汽车尾气的排放，使城市环境更加宜人。

机器人管家根据家庭卫生情况进行评估，实时清扫；对家庭成员的时间和事务进行统筹管理；根据网上购物的物流情况，跟踪并领取快递。智能家电开启全新自动化生活。在未来的学校里，智能语音系统可以和老师、同学对话。根据人工智能分析的学习情况，老师可以追踪每个学生的状态，实现一对一个性化教学。

在未来的医院里，机器自动扫描和分析病人的患病情况，智能手术刀更加精准地开展微创手术。借助人工智能，医生和护士可以将更多的时间花费在治疗疑难杂症上，以及对病人的人文关怀上。

未来，当机器可以自我工作和自我学习时，那人类存在的意义是什么？

当机器有了自我意识，它是否会超越人类或控制人类？

如果人类可以大量借助外界力量来寻求满足和快乐，那么人还有参与社会发展的动力吗？

面对机遇与挑战，我们需要重新思考每一天的学习、生活，什么样的学习、什么样的思维、什么样的关键能力、什么样的必备品格才能够让我们更好地拥抱未来。

第 1 章　计算机眼中的世界

眼睛是人类心灵的窗户(见图 1－1),也是人类获取外界信息的主要器官。我们用眼睛看世界,获取外界信息,再把看到的信息传给大脑,让大脑对看到的信息进行分析处理。

计算机是对人的模拟,计算机如何“看”世界?

计算机眼中的世界是什么样的?

计算机又是如何对“看”到的信息进行分析处理的?

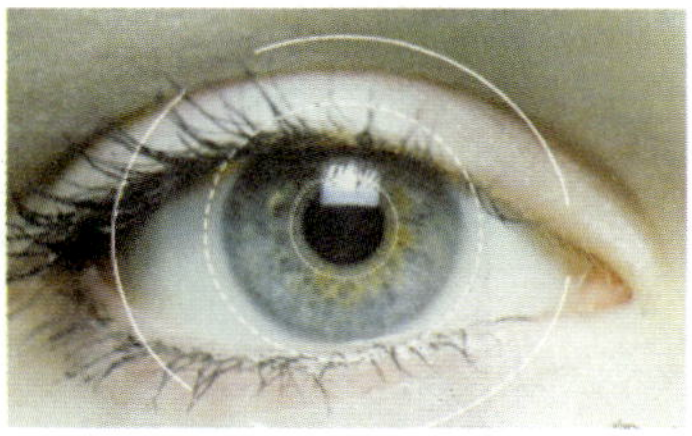

图 1－1　心灵的窗户——眼睛

在开启本章的学习前,我们要在计算机上安装一些必需的软件和素材,前期须做的准备工作如下:

1. 复制学习资源包

将学习资源包复制到本地计算机上。学习文件夹内的文件是学习本书需要用到的素材,编写的代码被保存到学习文件夹相应的位置后即可运行;资源文件夹内除了素材文件外,还包含了本书所需的软件和代码文件;当你编写代码遇到困难时,可以从参考文件夹中找到答案。

2. 安装 Python3

请参看本书附录 A 安装 Python 软件。

3. 安装 OpenCV-Python

OpenCV-Python 是 Python 中用于计算机视觉处理和机器学习的开源库,它功能强大,几乎能完成所有与图像处理相关的工作。

要在计算机上安装 OpenCV-Python 需要保证计算机上已安装 Python3,且计算机连接因特网。如果计算机没有连接因特网,安装会失败。具体的安装步骤请参看本书附录 A。

1.1 图像的显示与大小

1.1.1 情景展现

随着智能手机的普及，我们每到一处都喜欢用手机拍照记录。小智在小区里用特定型号的手机随手拍了一张照片，然后又把照片复制到计算机上进行查看。看着手机上的小照片和计算机上的大照片，如图 1－2 所示，小智心中不禁泛起几个疑问：

图 1－2 同一图像在不同分辨率屏幕下的显示

① 手机配置信息中的分辨率、像素是什么意思？

② 图像的分辨率越大就越清晰吗？

带着这些疑问，我们跟随小智一起走进计算机图像的世界，探索图像的奥秘吧！

1.1.2 思考探索

在日常生活中，我们经常用长度单位来描述一幅画的大小，如一幅长为 70 cm、宽为 50 cm 的水彩画。而在计算机中存储的图像，其大小用宽度和高度来描述，单位是像素。比如一张 2 寸的电子证件照，其宽度为 413 像素，高度为 579 像素，图像的尺寸大小就为 413×579 像素。

在计算机中通过右键查看图像属性，从图像的详细信息中，可以得到图像的尺寸信息，如图 1-3 所示。

图 1-3　图像的详细信息

用缩放工具将图像放大后，会发现图像变得模糊，出现类似马赛克的效果，如图 1-4 所示。

图 1-4　图像不断被放大的效果

计算机上的图像可以看作是由多个方形色块组合而成，我们把这些方形色块称为像素。

图像的尺寸用分辨率来表示，分辨率是指图像含有的像素数量。像素越密，分辨率越高，图像越清晰。分辨率用列数×行数表示，如图 1-5 所示。

列数：沿水平方向的像素数。

行数：沿垂直方向的像素数。

由图 1-5 可知，对于同一图像，像素数越多，图像的分辨率越大，图像越清晰。

尺寸 359 × 269
宽度 359像素
高度 269像素

尺寸 128 × 97
宽度 128像素
高度 97像素

图 1－5　不同分辨率大小的图像

1.1.3　实战演练

1. 在 Python 中显示图像的大小

在 Python 中图像的大小可以通过 shape 属性来获取，img. shape 返回的是图像高度、图像宽度、颜色通道数。

核心代码如下：

```
import cv2                          #导入 cv2
img = cv2.imread('xiaoqu.jpg')      #读取图像，默认以彩色模式读取图像
cv2.imshow('img',img)               #显示图像
print(img.shape)                    #打印图像大小[行高|列宽|颜色通道数]
cv2.waitKey(0)                      #等待按键命令
cv2.destroyAllWindows()             #关闭程序
```

运行程序，打印输出结果如下：

```
(3120,4160,3)
```

注意：Python 中的代码必须保证在英文状态下输入，且区分大小写。imread()中图像的名称必须包含扩展名，且命名采用英文或数字。OpenCV 目前支持读取 bmp、jpg、png、tiff 等常用图像格式。读取的图像文件需要与 Python 文件在同一文件夹路径下，否则需要书写完整的路径名。

如果想要简化程序代码，可以将 import cv2 替换为 from cv2 import *，即导入 cv2 库里的所有模块，那么便可省略后面所有的 cv2，上面程序代码可简化为：

```
from cv2 import *
img = imread('xiaoqu.jpg')
imshow('img',img)
```

试着给后面的程序简化瘦身吧。

2. 利用商汤教育平台显示图像的大小

登录商汤教育平台网站(https://ai.laoshanedu.com)，输入用户名和密码，进入平台。单击“课程中心”，选择“人工智能入门(上)”，打开“图像处理基础”中的实验项目“图像数据基础”，如图 1-6 所示，开始体验吧。

图 1-6　商汤教育平台

(1) 上传图像

我们可以使用平台中内置的图像(如存储在变量 img_gray 中的图像)，也可以上传一个图像文件到实验平台进行操作。图片上传过程：在用户名处选择“我的文件夹”，然后单击“上传”，上传相应的文件；复制上传文件的地址，使用 imread() 函数读取文件，再将其存储在变量中。

(2) 显示图像并打印输出其属性大小

使用 fig() 函数加载图像，使用 image() 函数显示图像——image(图像名)，对图像使用 shape 属性便可以显示其属性。

完整代码如下：

```
a = imread('http://sensestudy-server/api/resource/public/accountstorage-obj
s/c1d755a8-df3a-48b9-ab68-80832b34e704/xiaoqu.jpg')      #上传图像地址
fig() + image(a)            #读取并显示图像
print(a.shape)              #打印输出图像的属性
```

运行程序后，结果如图 1-7 所示。

```
(3120,4160,3)
```

图 1－7 程序运行结果

1.1.4 拓展延伸

图像无损放大

图像经过放大后，其清晰度会降低。要想将小图像放大并保持其原有的清晰度，可以使用人工智能图像处理技术。

图像无损放大体验网址：https://ai.baidu.com/tech/imageprocess/image_quality_enhance。上传图像，体验图像无损放大技术的神奇吧。图像无损放大前后效果对比如图 1－8 所示。

(a) 对比图　　(b) 放大后的图像　　(c) 放大前的图像

图 1－8 图像无损放大前后效果对比

通过对比分析图像无损放大前后的属性信息可知，经过处理的图像在长、宽方向各放大了两倍，但图像的清晰度没有受到影响。

1.1.5　本节练习

① 微信搜索像素拼豆小程序，通过制图模式选择转图，将图像转换成像素画进行创作，也可以选择画图制作属于自己的专属像素画，效果如图 1－9 所示。

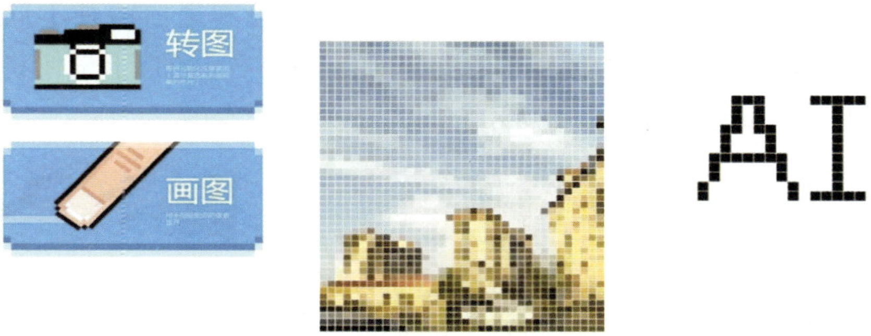

图 1－9　像素拼豆图像画

② 写出图 1－10 中图像的分辨率，并计算图像的像素数。

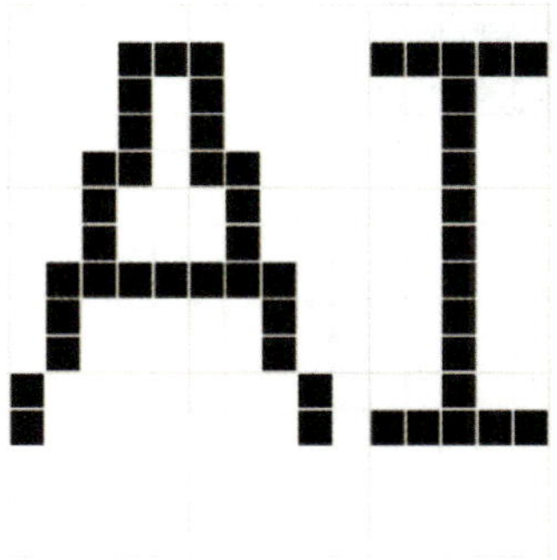

图 1－10　像素画图像

分辨率：________________________。
像素数：________________________。

1.2 图像的颜色模式

1.2.1 情景展现

通过 1.1 节的内容我们已经知道图像是由一个一个的像素组成的。小智使用手机图像编辑功能将拍摄的小区照片处理成了灰色和黑白两种不同颜色的图像。他想看看不同颜色图像的像素信息是如何呈现并存储的，于是便将上述 3 幅图像分别进行了放大，如图 1－11 所示。

图 1－11 彩色图像、灰度图像、黑白图像放大效果

通过观察效果图，小智发现彩色图像每个像素都是由红色 Red(R)、绿色 Green(G)、蓝色 Blue/blUe(B/U)这 3 种颜色组成的，即通常人们所常见的 RGB

颜色模式。灰度图像每个像素由黑到白不同层级渐变的颜色组成，而黑白图像只有黑和白两种颜色。

小智想弄明白：计算机是怎样存储图像的数据信息并呈现出不同颜色模式的？

1.2.2　思考探索

不管是图像、视频，还是音频，计算机都会将它们转换为二进制进行存储，也就是说计算机眼中的图像其实是一串数字。

1. 灰度图像

灰度图像中每个像素点有一个数值，这个数值即为像素值（范围为 0～255），它表示该像素点的颜色亮度。0 表示黑色，255 表示白色，0～255 之间的数值表示从黑色到白色的渐变色——灰色，如图 1－12 所示。

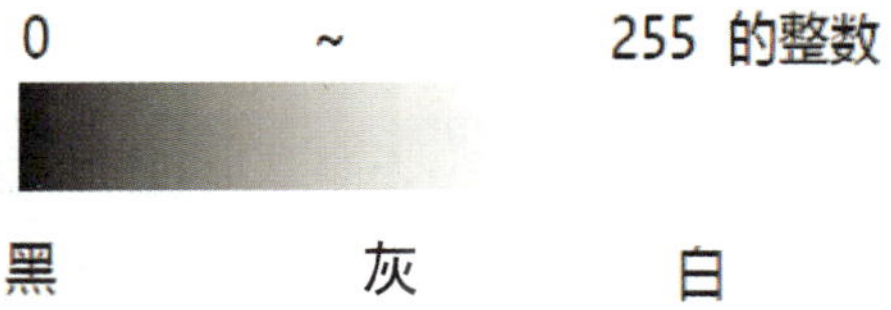

图 1－12　灰度图像颜色像素值

将图 1－13(a)中的每个像素用0～255 的数值来表示，显示出像素值，灰度图像就转化为了数字图像，如图 1－13(b)所示。

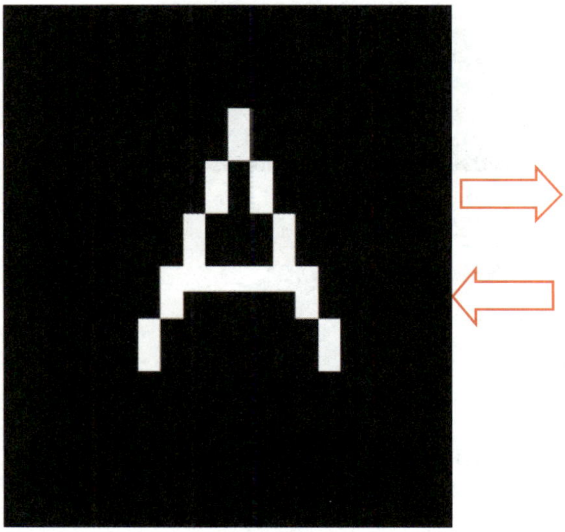

(a) 灰度图像

0	0	0	0	0	0	0	0	0	2	0	2	0	0	0	1	0	0	0	0
0	0	0	0	0	0	0	0	1	0	2	0	1	2	0	0	0	0	0	0
0	0	0	0	0	0	0	0	0	2	0	2	0	0	0	2	0	0	0	0
0	0	0	0	0	0	0	0	2	1	0	0	0	0	0	1	0	0	0	0
0	0	0	0	0	0	0	0	0	0	255	1	0	4	2	0	0	0	0	0
0	0	0	0	0	0	0	0	2	0	252	0	0	0	1	1	0	0	0	0
0	0	0	0	0	0	0	0	0	255	1	255	0	2	0	0	0	0	0	0
0	0	0	0	0	0	0	0	1	255	0	255	1	0	1	0	0	0	0	0
1	1	0	2	0	0	2	0	255	1	0	1	254	1	0	0	0	0	0	0
0	0	0	3	0	0	2	0	254	0	0	2	255	0	0	4	0	0	0	0
1	2	0	0	3	0	0	255	255	255	255	255	252	255	3	0	0	0	0	0
2	0	2	1	0	0	0	255	2	0	1	0	0	255	0	0	0	0	0	0
0	0	2	2	0	3	253	0	0	0	1	0	0	0	255	0	0	0	0	0
2	4	0	1	0	2	255	0	0	0	1	0	5	0	255	1	0	0	0	0
0	0	3	0	2	0	0	1	2	0	1	0	0	0	0	1	0	0	0	0
0	4	0	0	0	0	1	0	0	0	1	0	0	2	0	0	0	0	0	0
0	0	0	0	0	0	0	0	0	0	0	0	0	0	0	0	0	0	0	0
0	0	0	0	0	0	0	0	0	0	0	0	0	0	0	0	0	0	0	0
0	0	0	0	0	0	0	0	0	0	0	0	0	0	0	0	0	0	0	0
0	0	0	0	0	0	0	0	0	0	0	0	0	0	0	0	0	0	0	0

(b) 数字图像

图 1－13　灰度图像与数字图像间的转换

同样的，根据数字图像，可以把像素值 0～255 分别涂上其代表的相应颜色，就会将其转换为对应的灰度图像。

2. 黑白图像

黑白图像不同于灰度图像，它只有两个像素值 0（代表黑色）和 1（代表白色）。因此，黑白图像可以说是一种特殊的灰度图像，又叫二值图像。一般二值图像主要应用于车牌识别、图像的字符提取等领域。

3. 彩色图像

计算机彩色图像是由红、绿、蓝 3 种颜色（通道）叠加形成的，R、G、B 3 个通道的取值都是 0～255，如图 1－14 所示。当 R、G、B 都为 0 时，图像是黑色；当 R、G、B 都为 255 时，图像是白色。例如彩色图像中的 1 个像素点有 3 个像素值，其 RGB 值表示为（254，100，76）。

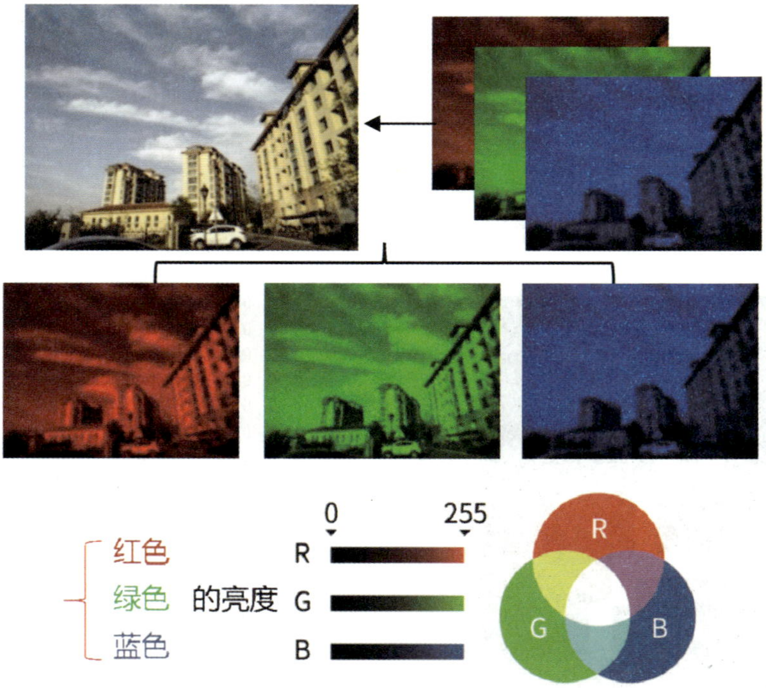

图 1－14　彩色图像 RGB 三色通道

RGB 彩色图像是计算机设计中最直接的色彩表示方法，计算机利用 RGB 数值可以精确记录色彩并取得某种颜色。此外，数码相机成像也主要采用 RGB 这一图像颜色模式。

1.2.3 实战演练

1. 在 Python 中实现访问图像并显示图像的像素值

(1) 以彩色、灰度图像两种形式读取图像

通过函数 imread(图像)读取彩色图像并存储在变量 img1 中，用函数 imread(图像,0)读取灰度图像并存储在变量 img2 中，使用 img. shape 查看彩色图像的大小。

(2) 分别打印彩色、灰度图像的任一像素值

查看图像第 14 行、第 13 列的像素，将其分别表示为 img1[13，12]，img2[13,12]。

核心代码如下：

```
from cv2 import *
img1 = imread('xiaoqu.jpg')                #读取彩色图像
img2 = imread('xiaoqu.jpg',0)              #将彩色图像以灰度图像形式读取
print(img1.shape)                          #打印图像大小属性
print(img1[13,12])                         #打印彩色图像第 14 行、第 13 列的像素值
print(img2[13,12])                         #打印灰度图像第 14 行、第 13 列的像素值
```

程序运行结果如下：

```
(3120,4160,3)
[147 122 96]
117
```

【合作探究】访问图像全部像素，并打印输出像素值。

如果要访问图像的全部像素，可以使用 for 循环遍历图像所有的行和列数据；而访问的像素值结果要想以图像原有行、列的顺序打印输出，则需要使用嵌套的 for 循环来实现，相应的行和列以空格为结束标志。由于彩色图像“xiaoqu. jpg”比较大，访问打印其全部像素的数据也比较多，因此，此处以大小为 20×20 的小图像“A. jpg”为例，实现访问图像全部像素，并显示像素值的大小。

核心代码如下：

```
from cv2 import *
img = imread('A.jpg',0)                    #将原图像以灰度图像形式读取
```

```
3   for i in range(0,20):                        #循环遍历图像的所有行
4       for j in range(0,20):                    #循环遍历图像的所有列
5           print('%d '% img[i,j],end='')        #打印图像对应行、列的像素值
6       print('')                                #每行以空格标志结束
```

程序运行结果如图 1－15 所示。

```
0   0   0   0   0   0   0   0   0   2   0   2   0   0   0   1   0   0   0   0
0   0   0   0   0   0   0   0   1   0   2   0   1   2   0   0   0   0   0   0
0   0   0   0   0   0   0   0   0   2   0   2   0   0   0   2   0   0   0   0
0   0   0   0   0   0   0   0   2   1   0   0   0   0   0   1   0   0   0   0
0   0   0   0   0   0   0   0   0   0   255 1   0   4   2   0   0   0   0   0
0   0   0   0   0   0   0   0   2   0   252 0   0   0   1   1   0   0   0   0
0   0   0   0   0   0   0   0   0   255 1   255 0   2   0   0   0   0   0   0
0   0   0   0   0   0   0   0   1   255 0   255 1   0   1   0   0   0   0   0
1   1   0   2   0   0   2   0   255 1   0   1   254 1   0   0   0   0   0   0
0   0   0   3   0   0   2   0   254 0   0   2   255 0   0   4   0   0   0   0
1   2   0   0   3   0   0   255 255 255 255 255 252 255 3   0   0   0   0   0
2   0   2   1   0   0   0   255 2   0   1   0   0   255 0   0   0   0   0   0
0   0   2   2   0   3   253 0   0   0   1   0   0   0   255 0   0   0   0   0
2   4   0   1   0   2   255 0   0   0   1   0   5   0   255 1   0   0   0   0
0   0   3   0   2   0   0   1   2   0   1   0   0   0   0   1   0   0   0   0
0   4   0   0   0   0   1   0   0   0   1   0   0   2   0   0   0   0   0   0
0   0   0   0   0   0   0   0   0   0   0   0   0   0   0   0   0   0   0   0
0   0   0   0   0   0   0   0   0   0   0   0   0   0   0   0   0   0   0   0
0   0   0   0   0   0   0   0   0   0   0   0   0   0   0   0   0   0   0   0
0   0   0   0   0   0   0   0   0   0   0   0   0   0   0   0   0   0   0   0
```

图 1－15　程序运行结果

思考：① 在上述程序第 2 行代码中，如果不以灰度图像形式读取图像，即将其改为“imread('A.jpg')”，可以运行出结果吗？你能解释原因吗？

② 上述嵌套 for 循环里 range(0,20) 函数的参数还可以怎样修改，能使运行结果和现在一样？

2. 利用商汤教育平台访问图像并显示图像的像素值

登录商汤教育平台网站(https://ai.laoshanedu.com)，输入用户名和密码，进入平台。单击“课程中心”，选择“人工智能入门(上)”，打开“图像处理基础”中的实验项目“图像数据基础”，访问图像任一像素。

我们可以使用平台中内置的图像 img_gray，按照实验步骤来完成任务；也可以上传任意一张图像到商汤教育平台进行操作。

(1) 访问并读取图像数据

计算机是以数据形式存储图像的，如灰度图像第 i+1 行、第 j+1 列(i,j 的值从 0 开始)的像素值就可以写成 img [i,j]。你能打印出 img 第 15 行、第 12 列的像素值吗？在完成任务之前，我们还需要了解图像的大小属性(img.shape)。

(2) 打印显示图像的全部像素值

平台使用封装好的函数 vis_pixels()，调用它可以直接可视化图像内部的所有像素值，再使用 image()函数图像就会以数字图像的形式显示。结果同 Python 中

打印输出图像所有像素值的效果一致。

完整程序代码如下：

```
1  img = imread('http://sensestudy-server.edu/api/resource/public/accountstorage-obj-js/c1d755a8-df3a-48b9-ab68-80832b34e704/A.jpg','gray')  # 以 gray 灰度图像形式读取图像
2  fig() + image(img)            # 显示上传的图像
3  print(img.shape)              # 打印图像大小属性
4  print(img[14,11])             # 打印图像第 15 行第 12 列的像素值
5  b = vis_pixels(img)           # 可视化图像内部像素值
6  fig() + image(b)              # 显示数字图像
```

程序运行结果部分图如图 1-16 所示。

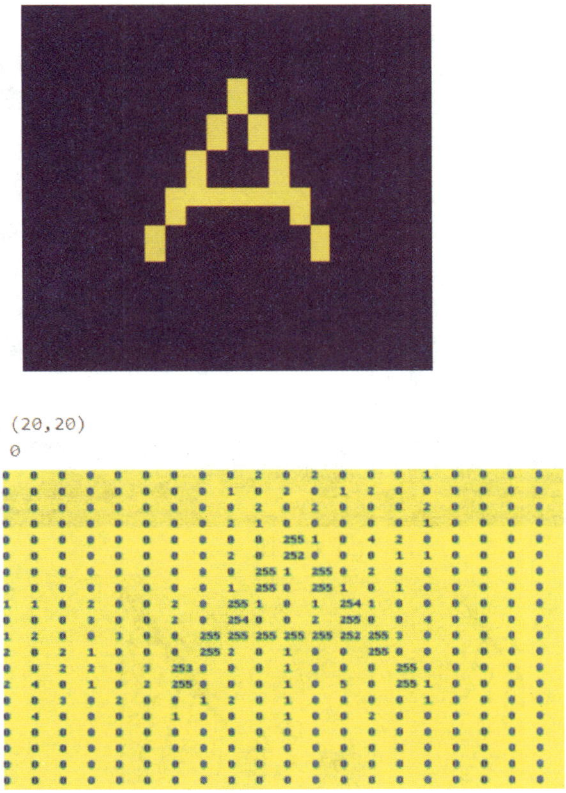

图 1-16　程序运行结果部分图

如果图像不以灰度图像形式读取，即去掉第 1 行 imread( ) 括号中的“,'gray'”，img.shape 打印输出的结果就会变为“(20,20,3)”，你知道原因吗？

1.2.4 拓展延伸

百度人工智能上色师——让黑白照片重见光彩

黑白图像上色是百度人工智能开放平台推出的一项服务，它可以智能识别灰度图像内容并填充色彩，使灰度图像变得鲜活。

打开网址（https://ai.baidu.com/tech/imageprocess/colourize），上传图片，平台几秒钟内就可以把灰度图像上色完毕，并显示优化前和优化后的对比图，如图 1-17(a)所示，可以拉动中间滑竿查看处理效果。图 1-17(b)为上色后的图像，图 1-17(c)为上色前的图像，图 1-17(d)为原彩色图像。

(a) 对比图

(b) 上色后的图像　　(c) 上色前的图像　　(d) 原彩色图像

图 1-17　灰度图像上色前后对比

训练有素的人工智能可以学会上色。通过对照片进行图像分割，人工智能可以区分标志性的物体，认出图像中的各种元素，比如树木、天空、人脸、服装……在输入大量包含常见场景和人物的图片后，人工智能会自动学习和记忆这些关键信息的颜色，比如树叶是绿色、人脸是肤色等。因此，它可以很快地对灰度图像里的场景进行彩色化，填补其缺失色彩。

1.2.5　本节练习

① 将图 1－18(a)所示灰度图像转换成数字图像，并将相应数字填入图 1－18(b)中，再利用计算机将数值转换成颜色的方法，然后在图 1－18(c)中涂上相应的颜色。

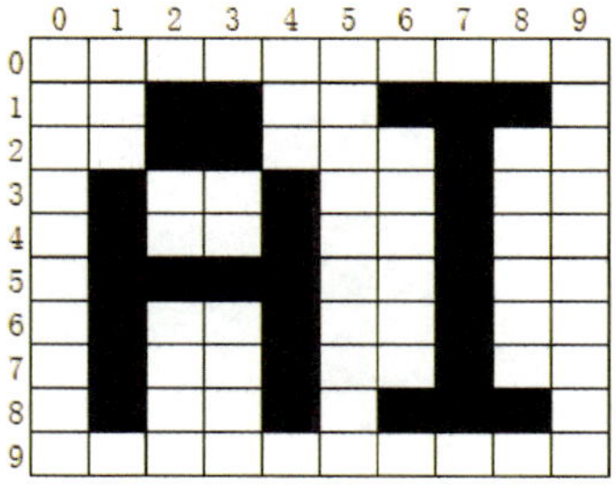

(a) 灰度图像

	0	1	2	3	4	5	6	7	8	9
0										
1										
2										
3										
4										
5										
6										
7										
8										
9										

(b) 数字图像

	0	1	2	3	4	5	6	7	8	9
0	255	255	255	255	255	255	255	255	255	255
1	255	255	255	0	0	0	0	255	255	255
2	255	255	255	0	255	255	255	255	255	255
3	255	255	255	0	255	255	255	255	255	255
4	255	255	255	0	0	0	0	255	255	255
5	255	255	255	255	255	255	0	255	255	255
6	255	255	255	255	255	255	0	255	255	255
7	255	255	255	0	0	0	0	255	255	255
8	255	255	255	255	255	255	255	255	255	255
9	255	255	255	255	255	255	255	255	255	255

(c) 填充填色

图 1－18　练习图

② 自主选择任一彩色图像，打印输出该图像的像素值。

1.3　图像的风格变换

1.3.1　情景展现

虽然现在我们使用手机可以轻松地编辑拍摄的照片，只需要动动手指就可以对照片进行美颜、抠图、更换颜色风格等操作，但其实图像编辑需要用到复杂的图像处理技术。

在 1.2 节中小智用手机编辑图像，他使用手机滤镜功能将小区彩色图像转换成灰度图像和黑白图像。除此之外，图像还有很多的风格可以转换，如复古、素描、马卡龙等，如图 1－19 所示。

小智想知道：

① 滤镜是如何实现图像的多种风格转换的？

② 彩色图像具体是怎样被转换为黑白图像的？

(a) 手机滤镜界面

(b) 复古风格

(c) 素描风格

(d) 马卡龙风格

图 1-19　图像风格转换

1.3.2　思考探索

滤镜主要用来实现图像的各种特殊效果，常见的图像滤镜效果有灰度、底片、浮雕、柔化、光照、颜色反转、马赛克、锐化等，还有各种如哈哈镜一般的变形特效。当然，滤镜也有人物面部美化、图片合成等高级功能。实际上，图像的滤镜就是对图像的像素值进行有规律地操作。

1. 灰度风格(彩色图像转换为灰度图像)

通过 1.2 节的内容，我们已经知道了彩色图像、灰度图像与黑白图像间的区别，彩色图像每个像素点的像素值有 3 个，而灰度图像每个像素点的像素值则只有 1 个。那么彩色图像灰度化的过程就可以将每个像素点的 RGB 值设置为相等，即 R＝G＝B，彩色图像变为每个像素点只有 1 个像素值的灰度图像。

例如，将彩色图像中 1 个像素点的 RGB 数值（250，100，100）直接代入算法公式：

```
gray = (R * 30 + G * 59 + B * 11 + 50)/100
```

即 gray＝(250×30＋100×59＋100×11＋50)/100＝145，便可将这个彩色像素点的像素值由 3 个 RGB 数值变为一个数值为 145 的灰度像素值，这样就将彩色图像简单地转换为灰度图像了。

2. 黑白风格（彩色图像转换为黑白图像）

彩色图像转换为黑白图像，首先需要使用上述算法公式将彩色图像转换为灰度图像，然后再将灰度图像转换为黑白图像。如果灰度图像的灰度值 $gray \geq 100$，则新的像素值为 R＝G＝B＝255，图像显示白色；如果 $gray < 100$，则新的像素值为 R＝G＝B＝0，图像显示黑色。其中，灰度值 100 的判定条件的设定可以根据所要实现的效果来调整，其取值范围控制在 0～255。

3. 底片风格

要实现图像的底片风格，只需将当前图像中所有像素点的 RGB 值分别与 255 进行差值计算，再将差值结果重新赋值给当前点的 RGB，算法公式为：

```
R = 255 - R
G = 255 - G
B = 255 - B
```

例如，一幅彩色图像中 1 个像素点的 RGB 值为（250，100，100），套用算法公式后，其像素值变为（5，155，155）。

4. 怀旧风格

将彩色图像的主色调换成一种怀旧的黄色，可直接采用如下的算法公式：

```
R = (393 * R + 769 * G + 189 * B)/1000
G = (349 * R + 686 * G + 168 * B)/1000
B = (272 * R + 534 * G + 131 * B)/1000
```

例如，一幅彩色图像中 1 个像素点的 RGB 值为（250，100，100），套用算法公式后，其像素值变为（194，172，134）。如果新计算的 RGB 值大于 255，则直接将其赋值为 255。

除了以上实现的图像滤镜效果外，还有很多其他的图像滤镜效果。滤镜能够创建各种各样精彩绝伦的图像，有的仿制现实中的事物，可以以假乱真；有的可以做出虚幻的景象。滤镜的这些功能组合在一起便能够提供十分新奇的体验，更能产生出千变万化的各具风格的图像。

1.3.3 实战演练

1. 在 Python 中实现图像风格变换

(1) 使用 RGB 转灰度算法将彩色图像转换为灰度图像

采用 for 循环语句访问图像所有行、列的像素，将彩色图像 RGB 3 个通道的像素值提取出来，再直接套用算法公式：

```
gray = (R * 30 + G * 59 + B * 11 + 50)/100
```

将其像素值依次进行替换，完成彩色图像向灰度图像的转换。

以“xiaoqu.jpg”这幅图为例，其图像的大小为行高 3 120、列宽 4 160，核心代码如下：

```
1   img = imread('xiaoqu.jpg')                       #读取图像
2   for i in range(3120):                            #遍历图像所有行
3       for j in range(4160):                        #遍历图像所有列
4           b = img[i,j,0]                           #获取图像 B 通道值
5           g = img[i,j,1]                           #获取图像 G 通道值
6           r = img[i,j,2]                           #获取图像 R 通道值
7           gray = (r * 30 + g * 59 + b * 11 + 50)/100   #将图像三通道值转换为单通道值
8           img[i,j,0] = gray                        #将获取的单通道灰度值赋值给 B 通道
9           img[i,j,1] = gray                        #将获取的单通道灰度值赋值给 G 通道
10          img[i,j,2] = gray                        #将获取的单通道灰度值赋值给 R 通道
```

程序运行结果如图 1-20 所示。

(2) 使用算法将灰度图像转换为黑白图像

根据“若 gray≥128(其中 128 这一数值可根据情况做调整)，则灰度图像全部像素值变为 255，否则全部变为 0”这一算法原理，只需在上述彩色图像变灰度图像核心代码的嵌套 for 循环中添加 if 判断语句，便可将灰度图像转换为黑白图像。修改上述核心代码中的第 8～10 行代码如下：

```
if gray≥128:
img[i,j,0] = 255            #将灰度值修改为 255 并赋值给 B 通道
    img[i,j,1] = 255        #将灰度值修改为 255 并赋值给 G 通道
    img[i,j,2] = 255        #将灰度值修改为 255 并赋值给 R 通道
else:
    img[i,j,0] = 0          #将灰度值修改为 0 并赋值给 B 通道
    img[i,j,1] = 0          #将灰度值修改为 0 并赋值给 G 通道
    img[i,j,2] = 0          #将灰度值修改为 0 并赋值给 R 通道
```

程序运行结果如图 1-21 所示。

图 1-20 彩色图像转换为灰度图像

图 1-21 灰度图像转换为黑白图像

(3) 使用 OpenCV-Python 中内置函数将彩色图像转换为黑白图像

先使用函数 cvtColor(img,COLOR_BGR2GRAY)将彩色图像转换为灰度图像,然后使用函数 threshold(灰度图像,125,255,THRESH_BINARY)将灰度图像中小于 125 的灰度值转换为 0(黑色)、大于 125 的灰度值转换为最大值 255(白色)。通过 THRESH_BINARY 算法将其转换为黑白图像,并将结果使用 ret 返回到新的变量中,最终实现对这一变量图像的显示和保存。

核心代码如下:

```
img = imread('xiaogou.jpg')                          #读取彩色图像
hui = cvtColor(img,COLOR_BGR2GRAY)                   #彩色图像转换为灰度图像
ret,hei = threshold(hui,125,255,THRESH_BINARY)       #灰度图像转换为黑白图像
```

尝试调整 threshold()里值的大小,查看运行效果。

使用 OpenCV-Python 中内置函数将彩色图像转换为灰度、黑白图像,其程序运行的速度要比使用算法快得多。因为使用算法需要用到嵌套 for 循环来遍历图像的所有行、列像素,并改变每个像素的值,程序运行的速度就主要取决于图像的大小了,图像越大,运行反应的速度就越慢。

【合作探究】根据1.3.2小节思考探索中算法公式的原理，参照RGB彩色图像转灰度图像的Python实现程序算法过程，尝试修改代码，分别将“xiaoqu.jpg”图像处理成底片和怀旧风格的图像，效果图如图1－22、图1－23所示。（源程序代码可参考资源文件素材）

图1－22　彩色图像转换为底片风格图像

图1－23　彩色图像转换为怀旧风格图像

2. 利用商汤教育平台实现图像风格变换

登录商汤教育平台网站（https://ai.laoshanedu.com），输入用户名和密码，进入平台。单击“课程中心”，选择“人工智能入门（上）”，打开“图像处理基础”中的实验项目“图像处理技术-色彩变换”，如图1－24所示，将彩色图像进行不同风格的变换。

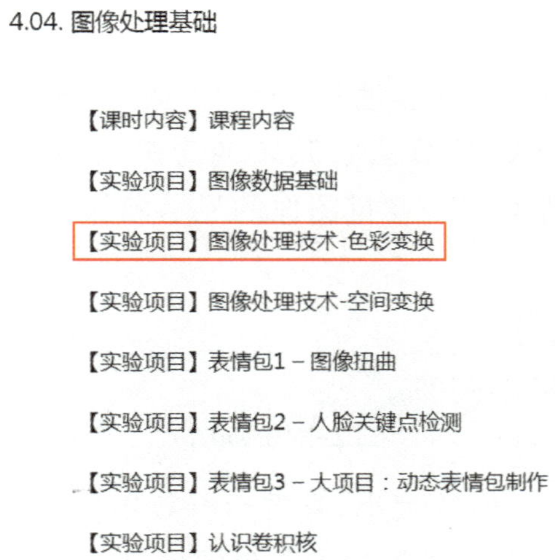

图1－24　商汤教育平台

彩色图像数据分为三个维度，前两个是空间方向，最后一个是色彩方向。本节主要是在色彩方向上对图像进行处理。同样的，我们可以使用平台中内置的图像，按照实验步骤完成挑战任务；也可以上传一张图像到商汤教育平台进行操作。

(1) 木雕效果

在这里我们是通过将彩色图像转换为黑白图像来实现木雕效果的。首先使用 imcopy()复制原图像，再使用 rgb2gray()函数将彩色图像转换为灰度图像，然后使用 threshold(image，thresh，maxim)函数对灰度图像进行二值化操作，最后输出具有木雕效果的黑白图像。

核心代码如下：

```
img_woodcut = imcopy(img)                          ＃复制原图像
img_woodcut = rgb2gray(img_woodcut)                ＃将彩色图像转换为灰度图像
img_woodcut = threshold(img_woodcut,125,255)       ＃实现灰度图像的二值化
```

程序运行结果如图 1－25 所示。

图 1－25　彩色图像转换为木雕效果的黑白图像

调整函数 threshold(image，thresh，maxim)中 thresh 的值为 170，查看运行效果。对比分析设定不同值产生不同效果的原因。

(2) 色彩变换热身——通道对调

最简单的色彩变换方法就是将彩色图像的两个颜色通道进行对调，我们使用图像通道索引方式 img[：，：，RGB 通道]来将任意两个颜色通道的所有行、列像素数值进行对调。例如，img[：，：，0]表示红色通道中所有行、列的像素，1 代表绿色通道，2 代表蓝色通道。

注意：要在复制图上进行变换，以不破坏原图。

核心代码如下：

```
img_bgr = imcopy(img)                     #复制原图像
tmp = imcopy(img_bgr[:,:,0])              #复制图像红色通道赋值给 tmp
img_bgr[:,:,0] = img_bgr[:,:,2]           #将蓝色通道赋值给红色通道
img_bgr[:,:,2] = tmp                      #将复制的原红色通道赋值给蓝色通道实现通道对调
```

程序运行结果如图 1－26 所示。

图 1－26　彩色图像红、蓝通道对调效果

思考：为什么在上述程序中进行红、蓝通道对调前，需要先定义一个新的变量 tmp 来储存复制的原图像红色通道？如果把程序直接修改成如下代码，单纯地进行两个颜色通道的对调可以吗？最终运行结果又将如何？

```
img_bgr[:,:,0] = img_bgr[:,:,2]
img_bgr[:,:,2] = img_bgr[:,:,0]
```

用同样的方法实现任意两个颜色通道间的对调（如蓝色和绿色通道的对调），并查看效果图。同样的道理，你能在 Python 中实现图像任意两个颜色通道的对调吗？

商汤教育平台中除了上述两种图像风格变换外，还有其他的风格变换方式。如图像的冷暖色系转换、图像复古效果、图像的红绿色盲模拟，以及图像的空间变换，将图像进行毛玻璃处理、油画效果处理等。我们可以按照商汤教育平台中的操作步骤对上传的图像进行相应风格的处理。

1.3.4　拓展延伸

百度人工智能——图像风格转换

百度人工智能——图像风格转换可以轻松将图像转换成卡通画、铅笔画、哥特油画等 9 种艺术风格，可用于开展趣味活动，或集成到美图应用中对图像进行风格转换。登录网站(https://ai.baidu.com/tech/imageprocess/style_trans)，上传图像，图像风格转换测试效果如图 1－27 所示。

(a) 对比图

(b) 奇异油画风格

(c) 彩色铅笔画风格

图 1－27　图像风格转换测试效果

1.3.5　本节练习

根据所学知识，采用不同的方法对手机拍摄的彩色图像进行不同滤镜风格(如黑白、底片、怀旧)的转换，并将其保存下来。

1.4 图像的修改再创作

1.4.1 情景展现

小智在小区中取快递时发现可以通过扫描二维码轻松取件，就连旧衣物回收箱上也印有二维码可以查看信息。二维码在日常生活中随处可见，它已经融入我们的衣、食、住、行等各个领域。公交乘车码与共享单车码便利了我们的出行，健康码让我们可以绿色通行，付款码让我们的支付更加快捷，点餐码让我们点餐更加便利……以上这些都可以通过手机“扫一扫”轻松实现。生活中常见的二维码如图 1－28 所示。

图 1－28　生活中常见的二维码

二维码是用某种特定的几何图形(按照一定的规律在二维平面上分布的黑白相间的图形)来记录数据符号信息的，大部分二维码都是以黑白图像显示的。其原理是：二维码图像在代码编制上巧妙地利用“0”和“1”，它使用若干个与二进制相对应的几何形体来表示文字数值信息，然后通过图像输入设备或光电扫描设备自动识读以实现信息的自动处理。

小智有一张比较简单的黑白二维码图像，他想通过修改这个二维码图像，为自己的小区制作一个独特的二维码图像，如图 1－29 所示。现在他面临的主要问题是该如何对原图像进行修改再创作？

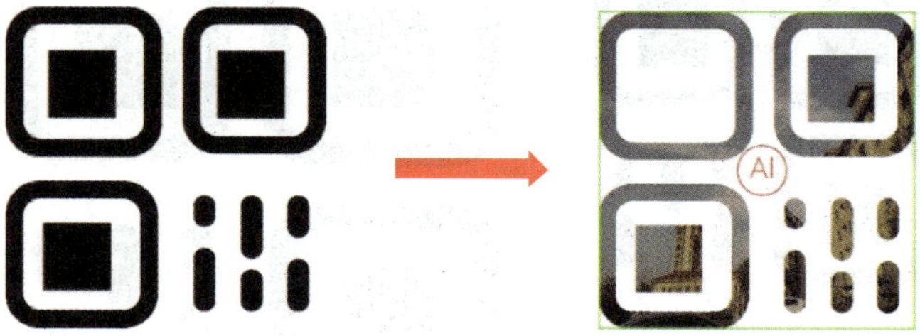

图 1－29　二维码图像的修改效果

1.4.2　思考探索

通过观察分析修改前后的二维码图像的变化，其修改再创作可分为 4 个步骤，如图 1－30 所示。

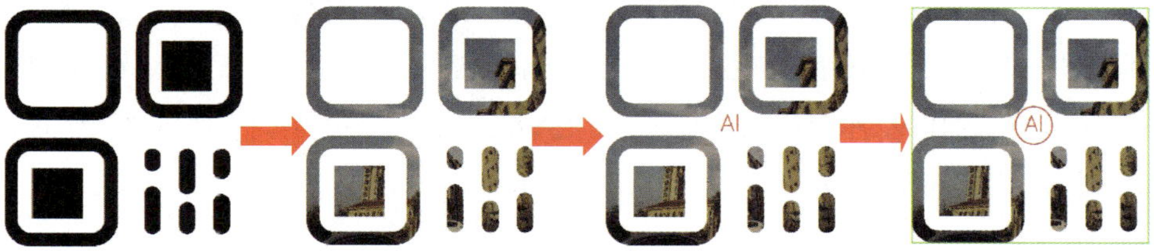

(a) 修改图像颜色　(b) 图像融合　(c) 添加文字　(d) 绘制圆形、矩形框

图 1－30　二维码图像的修改再创作步骤

1. 修改图像颜色

修改图像颜色，就是修改图像的像素值。首先要知道像素点的位置（坐标），然后通过访问图像的位置区域实现一次性修改整个区域的颜色。例如，将图 1－31 中二维码图像左上区域的黑色修改为白色，须明确左上角 A 点和右下角 B 点的位置坐标。借助画图工具可以简单地确定位置坐标。打开图像，将鼠标放置在 A 点处，在界面左下角便可看到相应点的行、列坐标信息。图 1－31 中 A、B 点的位置信息表述是先列后行，即 A 点是标记为 85 列、85 行的像素，位置坐标为（85，85）。由于起始点坐标是从（0，0）开始的，因此 A 点实际上表示的是图像中第 86 列、第 86 行的像素。同样也可以明确 B 点的位置坐标为（227，220）。

采用图像位置区域法进行颜色修改。修改图像一个区域的像素值，只需要列出区域中处于对角端的两个像素点的行、列信息即可，表示方式为：img[start1：end1，start2：end2]=×××，其中 start1、end1 和 start2、end2 分别代表行数的起始值和列数的起始值。它们都是从 0 开始取值的，表示图像的第 1 行或第 1 列像

图 1－31　图像像素点的位置坐标

素，取值范围包括 start，但不包括 end。例如，当 start1 取值为 85 时，可以访问图像中的第 86 行像素；当 end1 取值为 228 时，不能访问图像中的第 229 行像素，只能访问到图像中的第 228 行像素。因此，访问图像第 86～228 行、第 86 列～221 列这一位置区域就可表示为"img1[85:228,85:221]"，可以将其像素值修改为白色的像素值(255,255,255)。

2. 图像融合

图像的融合通常是将两张或两张以上的图像信息融合到一张图像上，因为要融合的图像亮度效果不同，这就会给人一种混合或者透明的感觉。

两张融合的图像格式可以不一致，但尺寸、通道数一定要一致。在进行图像融合前，需要先确保两张图像大小一致。通过查看二维码图像的大小信息发现其尺寸是 640×640，那么需要将要融合的小区图像尺寸修改为 640×640。

3. 添加文字

OpenCV 中提供了一个特殊的绘制函数 putText(图像，添加的文字，左下角坐标，字体，字体大小，字体颜色，字体粗细)，使用该函数可以在图像上绘制文字，但该函数只能绘制英文字符或数字，暂不支持汉字。需要明确以下参数：

① 要绘制的文字所在的位置坐标(即二维码图像中间位置)。

② 要绘制的文字(包括字体、大小、颜色等类型属性)。

系统提供了多种字体，字体的样式如图 1－32 所示。

图 1－32　OpenCV 中 Font 字体库样式

4. 绘制圆形、矩形框

OpenCV 中除了提供绘制文字函数外，还提供了绘制各种图形的函数。绘制圆的函数是 cv2. circle(图像，圆心点坐标，半径，颜色，线宽)，它需要知道圆心点坐标和半径(二维码图像的中心点为圆心，半径大小可调节)才能绘制圆。绘制矩形的函数是 cv2. rectangle(图像，矩形左上角坐标，矩形右下角坐标，边框颜色，边框线宽)，它只需要知道矩形框任一对角线上的两个端点坐标(二维码图像的左上角和右下角坐标)就可以绘制矩形，但它所绘制的矩形全部都是平行于 x 轴、y 轴的，不能绘制斜着的矩形。

除了以上图像，在 OpenCV 中还可以绘制直线，所用函数是 cv2. line()，函数格式为 cv2. line(图像，起点，终点，颜色，线宽)。

1.4.3　实战演练

1. 在 OpenCV 中实现图像的修改再创作

(1) 修改图像颜色

明确图像颜色修改的位置区域。将图像中 A 点到 B 点间(即第 86～228 行、第 86～221 列)的区域颜色修改为白色(255,255,255)，表示方式为：img[start1：end1,start2：end2]＝×××。代码如下：

```
img1[85:228,85: 221] = [255,255,255]
```

(2) 图像融合

提前将所要融合的图像(img2)尺寸修改为和二维码图像(img1)尺寸大小一

致，均为 640×640，再使用函数 cv2. addWeighted(img1，1，img2，0. 5，0)对图像进行融合操作。其中，img1 为原二维码图像，1 为其亮度；img2 为要进行融合的小区图像，其亮度设为 0. 5。图像的亮度值设置得不同，图像融合效果也会不同。

(3) 添加文字

在融合后的图像(img3)上添加要写的文字“AI”。同样使用画图工具确定所要书写文字的左下角坐标(305，335)，不断调整其位置坐标，使所添加的文字正好处于图像的正中间位置。选择字体样式为 FONT_HERSHEY_SIMPLEX，也可选择其他常见的字体类型。最后设置字体的大小为 2，字体颜色为红色(0，0，255)，字体粗细为 2。可以根据自己的需求与喜好设置添加文字的各种参数。

(4) 绘制圆形、矩形框

在上述添加好文字的图像上绘制圆形，确定圆心点的坐标为(330，320)，半径可大可小，边框颜色为红色(0，0，255)，线宽为 2。

在图像的最外面一圈绘制矩形，确定图像左上角的坐标为(0，0)、右下角的坐标为(639，639)。边框颜色设为绿色(0，255，0)，边框线宽设为 3。

核心代码如下：

```
1  img1 = cv2.imread('hewm.jpg')
2  img2 = cv2.imread('sxq.jpg')
3  img1[85: 228,85: 221] = [255,255,255]                 #修改区域颜色为白色
4  img3 = cv2.addWeighted(img1,1,img2,0.5,0)             #不同图像的融合
5  cv2.putText(img3,'AI',(305,335),cv2.FONT_HERSHEY_SIMPLEX,2,(0,0,255),2)
6  cv2.circle(img3,(330,320),50,(0,0,255),2)             #绘制圆形
7  cv2.rectangle(img3,(0,0),(639,639),(0,255,0),3)       #绘制矩形框
```

【合作探究】用 for 循环修改区域颜色。

上面采用的是确定图像位置区域的方法来修改图像颜色，我们也可以通过修改图像每一个像素点的数值(如“img1[85，85]=[255，255，255]”)来实现整个区域颜色的修改，但这个方法是最费时费力的。对变化有规律、重复性的内容，我们还可以使用循环语句来修改图像区域颜色。

将上述核心代码中的第 3 行代码修改如下(完整代码参考资源文件中相对应的素材)：

```
for i in range(85,228):                   #纵向像素点数
    for j in range(85,221):               #横向像素点数
        img1[i,j] = [255,255,255]         #将像素点颜色改为白色
```

使用循环语句修改图像颜色，1 次只能修改 1 个像素值，需要运行 1 万多次；

而通过图像位置区域修改“img1[85：228,85：221]”像素的颜色只需要运行 1 次。与循环语句相比，这种方法的速度更快、效率更高。

2. 利用商汤教育平台实现图像的修改再创作

登录商汤教育平台网站（https://ai.laoshanedu.com），输入用户名和密码，进入平台。单击“课程中心”，选择“人工智能入门（上）”，打开“图像处理基础”中的实验项目“图像数据基础”，访问图像并通过修改图像的像素值来创作新的图像。

我们可以使用商汤教育平台中内置的图像，按照实验步骤来完成任务；也可以上传任意一张图像到商汤教育平台进行操作。

（1）上传图像并显示、复制图像

核心代码如下：

```
img = imread('http://sensestudy - server/api/resource/public/accountstorage - objs/0ca9e622 - ee77 - 44f5 - 82b1 - 748fefe21c4b/hewm.jpg')      #读取图像
fig() + image(img)            #显示上传的图像
img1 = imcopy(img)            #复制原图像
```

（2）修改指定位置区域的像素值

修改图像中第 86～228 行、第 86～221 列区域的像素颜色为白色，程序如下：

```
img1[85：228,85：221] = [255,255,255]      #修改区域像素值
```

（3）绘制边框并将其显示出来

绘制一个正方形的边框正好将图像框起来，图像框颜色为绿色。在“start：end”中，当 start 为 0 或者 end 等于图像尺寸时，可以省略掉它们。例如：“0：3”或者“：3”都可表示第 1～3 行所有的列；“：”表示从第 1 行到最后一行的全部像素，或者是从第 1 列到最后一列的全部像素。

分别修改第 1～3 行、第 638～640 行所有列的像素颜色为绿色(0,255,0)，第 1～3 列、第 638～640 列所有行的像素颜色为绿色(0,255,0)。程序运行结果如图 1－33 所示。

图 1－33　图像修改再创作运行结果

核心代码如下：

```
img1[0：3,：] = [0,255,0]            #修改第 1～3 行所有列的像素颜色为绿色
img1[637：640,：] = [0,255,0]        #修改第 638～640 行所有列的像素颜色为绿色

```

```
img1[:,0:3] = [0,255,0]          # 修改第 1~3 列所有行的像素颜色为绿色
img1[:,637:640] = [0,255,0]      # 修改第 638~640 列所有行的像素颜色为绿色
fig() + image(img1)              # 显示修改后的图像
```

1.4.4 拓展延伸

小二维码大数据

在生活中，二维码的应用已经司空见惯，它给我们的生活带来了极大便捷。千万别小看这小小的二维码，作为一个高科技产品，二维码的背后蕴藏着一个大科学——大数据。二维码集多种功能于一身，通过扫描二维码，可以得到用户的详细信息，建立庞大的数据基数，为用户提供多功能全方位服务。其应用领域也越来越广泛，通过二维码建立强大的用户数据库，是新科技时代的必然需求。

图 1-34　青岛一码通

物联网、5G、人工智能等新型基础设施的建设，二维码应用领域的深入拓展，以及人脸识别技术的应用，使得身份识别和移动支付等基础性的服务出现在我们生活的方方面面，如政务服务、交通出行、医药卫生、文化旅游等领域。

如青岛一码通（见图 1-34），这个小小的二维码集身份码、公交码、健康卡、医保电子凭证等多种电子证件卡信息功能于一身，使“刷码、刷脸”服务变得更加便捷，有效地推动了智慧城市的发展。

1.4.5 本节练习

根据所学知识，设计出自己的专属二维码图像，采用多种途径和方法将二维码部分区域修改成不同颜色，并将修改后的图像与不同图像进行融合处理。

1.5　图像的颜色提取与轮廓检测

1.5.1　情景展现

智能车牌识别系统在人们生活中的应用已经非常普遍，比如高速公路电子收费（ETC）系统、交通违章车辆检测系统、小区或商场地下停车场的车闸。基本上凡是需要对车辆进行身份检测的地方都会用到它。

小智所在小区的智能车牌识别系统可以智能地识别车牌，如图 1－35 所示。当车辆进出时，若为本小区业主的汽车，它便自动开闸放行；若非本小区业主的汽车，它则不放行。小智用手机抓拍了一张汽车的图像，他想了解车牌识别的原理，并尝试对图像中的车牌进行定位检测，那么他需要了解以下问题：

图 1－35　小区智能车牌识别系统

① 什么是车牌识别系统？其原理是什么？

② 如何对车牌信息进行检测和定位？该怎么实现？

1.5.2　思考探索

车牌识别系统是计算机视频图像识别技术的一种应用。车牌识别过程通常主要包括以下 4 个步骤，如图 1－36 所示。

(a) 车辆图像获取　(b) 车牌定位　(c) 车牌字符分割　(d) 车牌字符识别

图 1－36　车牌识别过程

该系统先通过视频采集接口采集包含车牌的视频图像；再对采集到的图像进

行处理，改善识别效果；接着在采集到的图像中自动找到车牌的位置，分割出单个字符的矩形区域；然后对车牌进行黑白二值图像转化，再把规整好的字符输入字符识别系统进行识别。

由于车牌识别系统应用了比较复杂的智能处理技术，因此本节我们主要探讨车牌识别过程中的第二步——车牌定位。它可以通过基于形状、颜色或纹理等技术来对车牌进行检测定位，在这里我们主要采取基于颜色提取的车牌定位技术，其涉及的主要过程如下：

(1) 提取车牌指定颜色区域

采用 RGB 图像颜色模式是为了让机器能更好地显示图像，但它对于人类来说并不直观。这里我们采用 HSV 来定位颜色的空间，因为 H(色相)、S(饱和度)、V(亮度)这一颜色模式更贴近我们的认知，更接近人眼对颜色的定义。我们使用颜色区域中的最小值和最大值来表示指定的颜色区间，在颜色区间中的颜色会被保留，在颜色区间外的颜色则会变成黑色。

(2) 对提取的颜色区域进行轮廓检测

使用 findContours( )函数识别图像轮廓，其作用是在黑白二值图像的黑色背景里寻找白色物体的轮廓，并将轮廓点坐标保存在列表变量中。

使用 drawContours( )函数绘制轮廓线，其作用是在图像上根据 findContours()函数返回的轮廓点坐标列表绘制红色轮廓线。

轮廓检测与绘制这两个函数通常要配合使用。

1.5.3 实战演练

1. 在 OpenCV 中实现图像的颜色提取与轮廓检测

(1) 将图像转换为 HSV 模式

要提取图 1-36 中的绿色图像，首先需要将图像的 RGB 模式转换为 HSV 模式，使用函数 cvtColor()进行转换，代码如下：

```
hsv = cv2.cvtColor(img,cv2.COLOR_BGR2HSV)   # 将 RGB 模式转换为 HSV 模式
```

(2) 设定检测颜色范围

颜色取值范围中的最小值、最大值可在表 1-1 中查找，并根据实际效果进行调整。

表 1－1　OpenCV 中常用 HSV 颜色参考

颜　色	最小值	最大值
黑	[0,0,0]	[180,255,46]
灰	[0,0,46]	[180,43,220]
白	[0,0,221]	[180,30,255]
红	[0,43,46]	[10,255,255]
橙	[11,43,46]	[25,255,255]
黄	[26,43,46]	[34,255,255]
绿	[35,43,46]	[77,255,255]
青	[78,43,46]	[99,255,255]
蓝	[100,43,46]	[124,255,255]
紫	[125,43,46]	[155,255,255]

找到绿色对应的 HSV 值，设置颜色数值如下：

```
lower_green = np.array([35,43,46])
upper_green = np.array([77,255,255])
```

(3) 利用 inRange()函数将绿色区域的图像以黑白图像形式提取出来

代码如下：

```
mask = cv2.inRange(hsv,lower_green,upper_green)
```

图像经过 inRange()函数处理，可实现将特定的颜色(绿色)区域变为白色，其余区域变为黑色。如果想查看原图像颜色提取后的效果，可利用 bitwise-and 图像的运算，将提取出的绿色区域由黑白图像恢复到原来颜色。

(4) 将提取出颜色的图像变为黑白二值图像

代码如下：

```
ret,binary = cv2.threshold (mask,127,255,cv2.THRESH_BINARY)
```

使用函数 threshold()将提取颜色区域后的图像 mask 转化为黑白二值图像 binary。

(5) 使用 findContours()函数识别黑白二值图像的轮廓

代码如下：

```
contours,hierarchy = cv2.findContours(binary,cv2.RETR_TREE,cv2.CHAIN_APPROX_
SIMPLE)
```

其中，binary 为黑白二值图像；contours 为生成的轮廓坐标集。

(6) 使用 drawContours()函数在原图像上绘制轮廓

代码如下：

```
cv2.drawContours(img,contours,-1,(0,0,255),3)
```

其中，img 表示绘制轮廓的图像；contours 为 findContours()函数生成的轮廓坐标集；—1 为绘制所有轮廓线；(0,0,255)表示绘制轮廓线的颜色；3 表示轮廓线的粗细。

(7) 显示、保存识别后的图像

使用 imshow()函数显示图像，使用 imwrite()函数保存图像。

核心代码如下：

```
import numpy as np
img = cv2.imread('lp.png')                              #读取图像
hsv = cv2.cvtColor(img,cv2.COLOR_BGR2HSV)               #将 RGB 模式转换为 HSV 模式
lower_green = np.array([35,43,46])                      #设置 HSV 颜色数值，参看 HSV 说明
upper_green = np.array([77,255,255])
mask = cv2.inRange(hsv,lower_green,upper_green)    #利用 inRange()函数和 HSV 模式中颜色范围的上下界，将原图像中的目标颜色变成白色(255)，其他部分变成黑色(0)
res = cv2.bitwise_and(img,img,mask = mask)              #将特定区域颜色恢复为原来颜色
ret,binary = cv2.threshold(mask,127,255,cv2.THRESH_BINARY)    #将 mask 图像变成黑白二值图像放在 binary 中
contours,hierarchy = cv2.findContours(binary,cv2.RETR_TREE,cv2.CHAIN_APPROX_SIMPLE)    #查找黑白二值图像中白色区域的轮廓，并将轮廓坐标集存放到 contours 中
cv2.drawContours(res,contours,-1,(0,0,255),3)          #绘制轮廓
```

程序运行结果如图 1-37 所示。

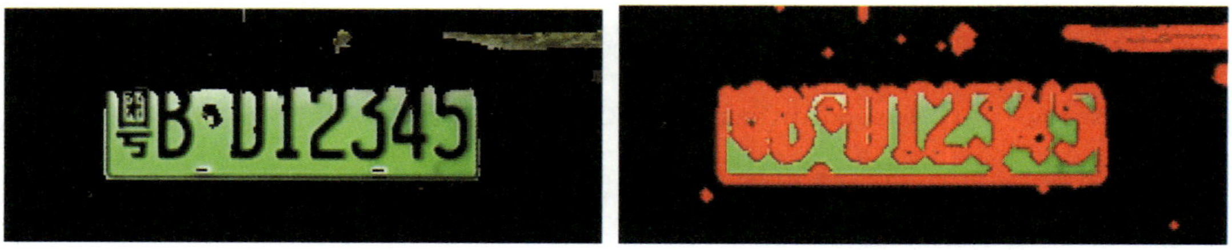

(a) 颜色提取　　(b) 轮廓检测

图 1-37　程序运行结果

通过观察程序运行的效果图，可发现颜色提取并不是很精确，因此轮廓检测的精确度也不高。程序运行后，可以根据生成的图像调整代码参数，直至得到满

意的图像为止。其中，二值函数 binary()中的阈值需要多次尝试，如果生成的黑白二值图像轮廓不清晰，会直接影响后面轮廓线的绘制效果。数值太低，黑白二值图像轮廓模糊；数值太高，黑白二值图像轮廓会出现错误。只有调试到合适的数值，才会得到轮廓清晰的黑白二值图像。

2. 百度人工智能——车辆检测与车牌识别

(1) 车辆检测

百度人工智能开放平台中的车辆检测功能可以识别图像中所有车辆的类型和位置，并对小汽车、卡车、巴士、摩托车、三轮车 5 类车辆分别计数，同时还可定位车辆上的车牌位置。登录网站(https://ai.baidu.com/tech/vehicle/detect)，上传图像，查看检测结果，如图 1－38 所示。上传多个车辆的图像，再次查看结果，并分析检测的准确性。

图 1－38　车辆检测测试结果

(2) 车牌识别

百度人工智能开放平台中的车牌识别功能，可以识别各类机动车车牌信息，包括车牌的颜色和车牌所属地域的号码等。登录网站(https://ai.baidu.com/tech/ocr_cars/plate? track=cp:ainsem|pf:pc|pp:chanpin-wenzishibie|pu:wenzishibie-chepai|ci:|kw:10002872)，上传所需要识别的包含车牌信息的汽车图像，几秒后就会在右侧显示出识别的结果，即车牌号和颜色信息，测试结果如图 1－39 所示。百度人工智能开放平台车牌识别的准确率很高，同时支持识别图像中的多张车牌信息。

图 1-39 车牌识别测试结果

3. Dobot 魔术师机械臂——色块识别机器人

Dobot 机器人魔术师系列是高精度桌面智能机械臂，如图 1-40 所示。它具有手持示教、吸取、夹取、写字画画、激光雕刻、3D 打印等多种功能，同时该机械臂还具备丰富的扩展接口、集成图形化编程开发环境。机身上共有 13 个扩展接口和 1 个可编程按键，用户可以接上各种外置模块，通过编程使机械臂实现更高级的功能。

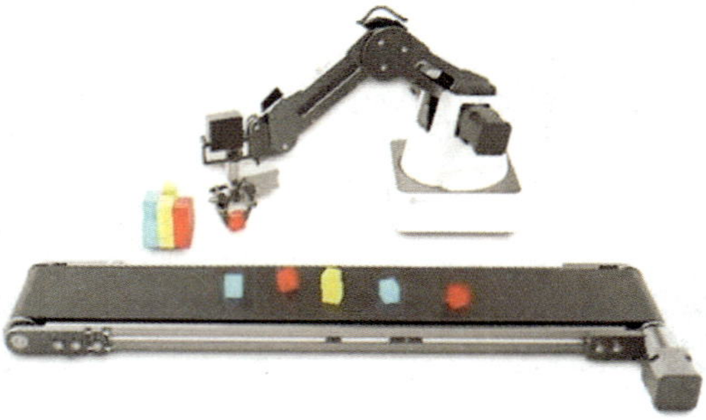

图 1-40 Dobot 魔术师机械臂

Dobot Blockly 是与该机械臂配套的图形化编程平台，利用该平台，用户可以通过砌拼图的方式进行编程，直观易懂。该平台还整合了机械臂专属的 API，以供用户随时调用。

(1) 硬件连接与软件操作

在机械臂断电状态下将颜色传感器的绿色接口连接到小机械臂的 G5 接口，开机通电后，连接 USB 端口，打开 DobotStudio 软件，选择正确的端口，单击左上角“连接”按钮，如图 1-41 所示。

(2) 编写程序

在 DobotStudio 软件中选择 Blockly 积木块编写程序，使用颜色传感器识别

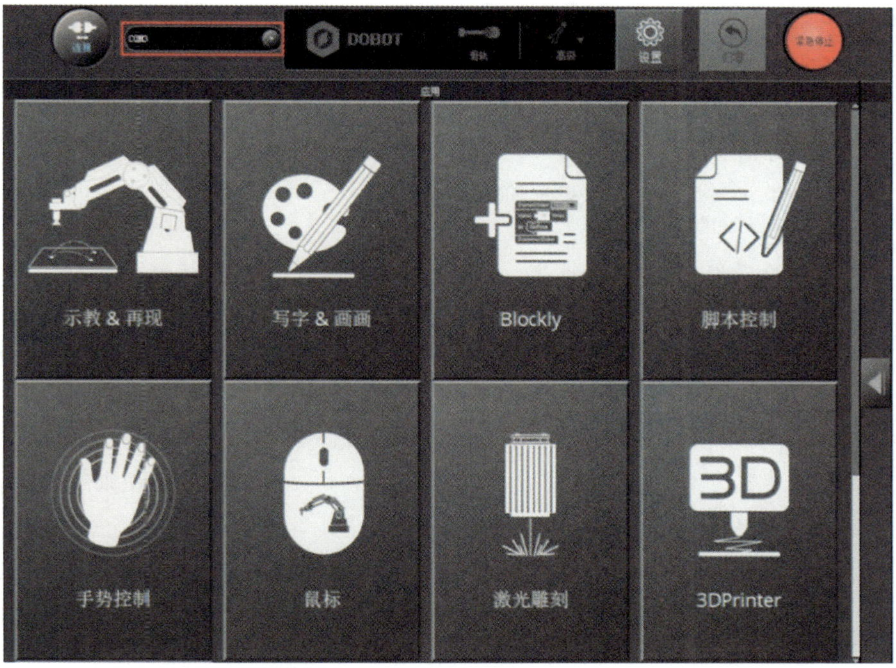

图 1－41　Dobot 魔术师机械臂软件操作界面

红、绿、蓝 3 种颜色的色块，图形化编程如图 1－42 所示。

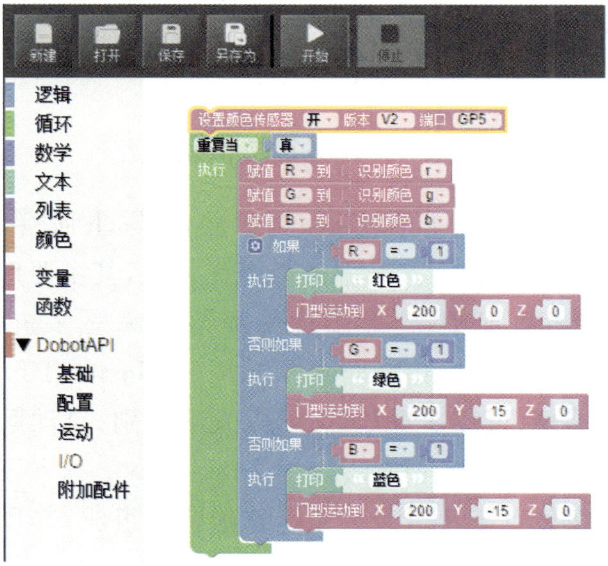

图 1－42　Dobot Blockly 图形化编程

通用代码如下：

```
R = None
G = None
B = None
```

```
dType.SetColorSensor(api,1,3,1)                    #开启颜色传感器
while True:                                        #无限循环识别颜色
    R = dType.GetColorSensorEx(api,0)              #获取识别红色的结果
    G = dType.GetColorSensorEx(api,1)              #获取识别绿色的结果
    B = dType.GetColorSensorEx(api,2)              #获取识别蓝色的结果
    if R == 1:                                     #如果识别结果为红色
        print('红色')                               #打印红色
        dType.SetPTPCmdEx(api,0,200,0,0,0,1)       #设置机械臂门型运动
    elif G == 1:                                   #否则如果识别结果为绿色
        print('绿色')
        dType.SetPTPCmdEx(api,0,200,15,0,0,1)
    elif B == 1:                                   #否则如果识别结果为蓝色
        print('蓝色')
        dType.SetPTPCmdEx(api,0,200,(-15),0,0,1)
```

(3) 测试结果

程序编写完成后，单击上方的“开始”按钮运行程序，程序中打印输出的结果会显示在右侧的运行日志中。程序运行后，当颜色传感器前方没有颜色块时，默认检测识别的结果为绿色；当将不同颜色的色块放置在颜色传感器前方时，运行日志会打印输出相对应的颜色结果，机械臂也会按照设置的对应运动方位去运动。

4. RoboMaster TT 无人机——视觉定位识别

如今，无人机的应用范围非常广泛，例如航拍、军事侦察、测绘、消防安保等。RoboMaster TT 是大疆首款拥抱开源的教育无人机，其主要用途是在教育与学习上。它支持图形化编程、Python 等多种编程语言编写多机编队程序。大疆与 DFRobot 合作，将 Mind+图形化编程软件与 RoboMaster TT 无人机深度结合，通过丰富的软硬件拓展性，可以实现环境感知、人脸识别、自动跟随、手势识别、手掌控制、多机协同、人工智能等各种应用。

无人机的视觉定位系统由摄像头和红外传感器组成，其作用是利用摄像头获取无人机飞行时的位置和高度信息。无人机检测标配的 4 张挑战卡在正反两面均有不同图案，而挑战卡的图案由小火箭、挑战卡 ID、星球 3 部分组成。其中，小火箭代表坐标系中 x 轴正方向；挑战卡 ID 是为了方便区分不同挑战卡；星球则是为了让无人机识别出是哪款挑战卡，并获得挑战卡的坐标方位。RoboMaster TT 无人机与挑战卡如图 1 - 43 所示。

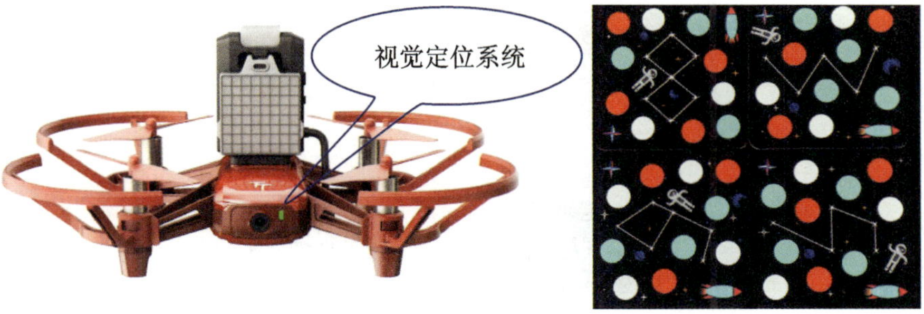

图 1－43 RoboMaster TT 无人机与挑战卡

RoboMaster TT 无人机可以添加不同的第三方传感器，使用红外光测距技术，结合障碍信息数据，通过感知周围的环境，实现自动避障功能。通过获取视频流，它可以实现人脸的识别与跟踪，进而探究机器视觉、深度学习、神经卷积网络等前沿的人工智能技术。

使用 Mind+图形化编程环境，切换到上传模式，同时在主控板中选择“RoboMaster TT(ESP32)”，通过简单的积木式拖拽，就可以编写程序，实现丰富的功能，如图 1－44 所示。使用挑战卡，编写程序后上传并调试运行。

1.5.4 拓展延伸

基于深度学习的计算机视觉应用——目标检测

对于给定的图片或者视频，目标检测可以识别出已知物体和该物体在图片中的位置。图 1－45 展示了目标检测如何辨识物体以及用标注框选出其对应的位置。

计算机视觉领域的三大任务是图像分类、目标检测、图像分割。其中目标检测是计算机视觉和数字图像处理的一个研究热点方向，广泛应用于机器人导航、智能视频监控、工业检测、航空航天等诸多领域。同时，目标检测也是泛身份识别领域的一个基础性的算法，对后续的人脸识别、步态识别、人群计数、实例分割等任务起着至关重要的作用。

目标检测的任务是找出图像中所有感兴趣的目标(物体)，确定它们的位置和大小，如图 1－46 所示为道路目标检测。目标检测是机器视觉领域的核心问题之一。由于各类物体有不同的外观、形状、姿态，加上成像时光照、遮挡等因素的干扰，目标检测一直是机器视觉领域最具有挑战性的问题。例如，车辆检测是车辆分析中关键的一步，是后续进行车型识别、车标识别、车牌识别、车辆特征识别的基础。

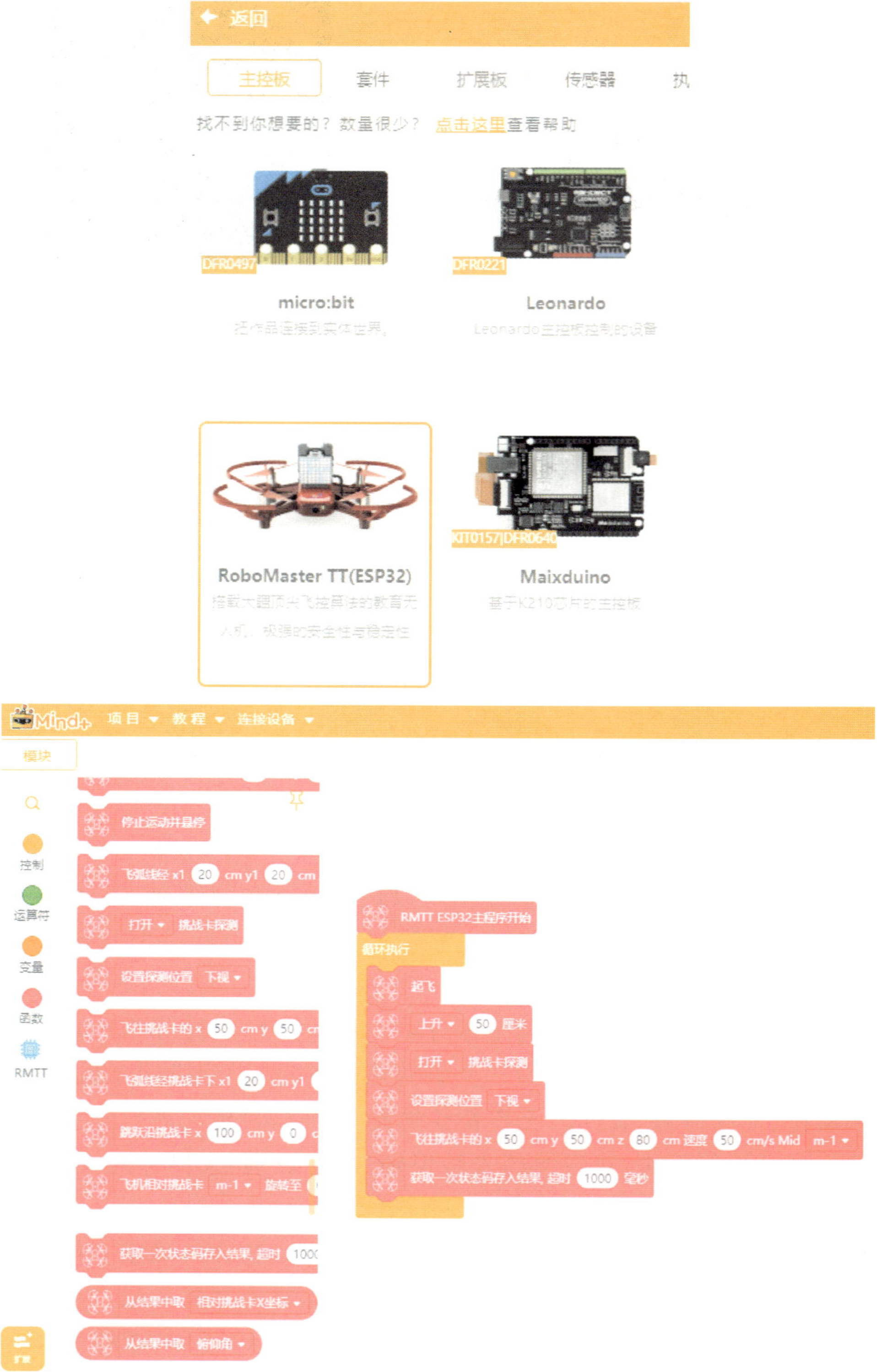

图 1－44　Mind+图形化编程

图 1－45　图像目标检测

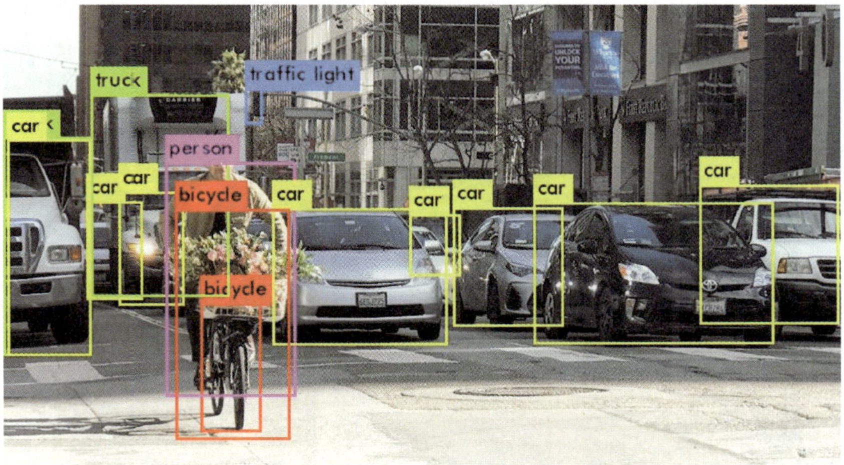

图 1－46　道路目标检测

目标检测有巨大的实用价值和应用前景，应用领域包括智能视频监控、机器人导航、数码相机中的自动定位和人脸聚焦、飞机航拍或卫星图像中道路的检测、车载摄像机图像中的障碍物检测等。

1.5.5　本节练习

选择任一颜色的车牌（如蓝色、黄色），修改并调试运行程序，对车牌图像进行提取相对应的颜色和轮廓检测操作。

1.6 人脸检测与关键点定位

1.6.1 情景展现

人脸检测是人工智能应用领域的一个重要分支。现在市面上绝大部分的手机拍照都具有人脸识别功能，它能在拍照时检测画面中是否出现人脸，如果检测到，便在人脸上画一个矩形，并可以实时对该区域进行美化，实现美颜的效果。

小智用智能手机抓拍了一张在小区内玩耍的小女孩的图像，在拍照的过程中，手机相机自动对焦人脸并用方框标示出人脸区域。在拍照的过程中我们还可以使用手机自带的 AR 萌拍功能，自动在人脸区域添加动态贴纸，或者拍照完成后再对图像进行编辑，添加形色各异的贴纸，如图 1－47 所示。

图 1－47　手机拍照中的人脸检测与动态贴纸

对于此项技术，小智特别想了解以下问题：

① 人脸检测的原理是什么？

② 自动添加的贴纸是如何被准确定位到人脸图像中诸如眼睛、鼻子、嘴巴等关键点位置的？

1.6.2 思考探索

人脸检测是给图像中的每张人脸指定一个边界框，人脸关键点检测则需要对人面部的一些关键区域进行定位，如眼睛、嘴巴、鼻子等。其处理过程通常可以表述为：首先执行人脸检测，然后在每个检测到人脸的边界框中执行关键点检测。

1. 人脸检测原理

人脸检测的任务就是判断给定的图像上是否存在人脸，如果存在人脸，就给出全部人脸所处的位置及其大小。通过大量人脸图像样本构造出人脸检测及关键点模型，根据相似度来判断检测图像中是否有人脸，人脸检测及关键点模型如图 1－48 所示。

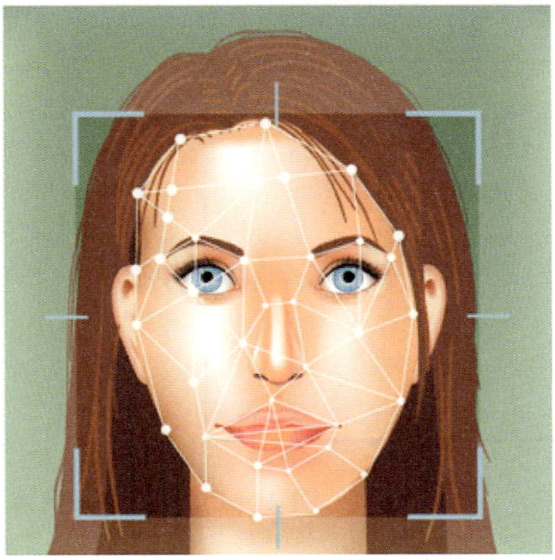

图 1－48　人脸检测及关键点模型

输入一张图像后，要完成人脸检测这个任务，我们通常分成 3 步来进行：

① 选择图像上的某个（矩形）区域作为一个观察窗口。

② 在选定的窗口中提取一些特征对包含它的图像区域进行描述。

③ 根据特征描述来判断这个窗口是不是正好框住了一张人脸。

检测人脸的过程就是不断地执行上面 3 个步骤，直到遍历所有需要观察的窗口。如果所有的窗口都被判断为不包含人脸，那么就认为所给的图像上不存在人脸；否则，就根据被判断为包含人脸的窗口来给出人脸所在的位置及其大小。

2. 人脸关键点定位

人脸关键点检测是在人脸检测的基础上，定位出人脸面部的关键点，对人脸上的特征点（例如眉毛、眼睛、鼻子、嘴巴、脸部轮廓区域）进行精准定位。

人脸关键点检测是人脸识别和分析领域中的关键一步，它是诸如自动人脸识别、表情分析、三维人脸重建及三维动画等其他人脸相关问题的前提和突破口。人脸关键点的数目按不同精度来分有 68、104、240 等多种，图 1－49 所示是 68 个关键点的分布情况。

人脸关键点定位有以下主要应用：

① 人脸美颜与编辑：基于关键点可以精确分析脸型、眼睛形状、鼻子形状等，从而对人脸的特定位置进行修饰加工，实现人脸的特效美颜、贴片等娱乐效果，也能辅助一些人脸编辑算法更好地发挥作用。

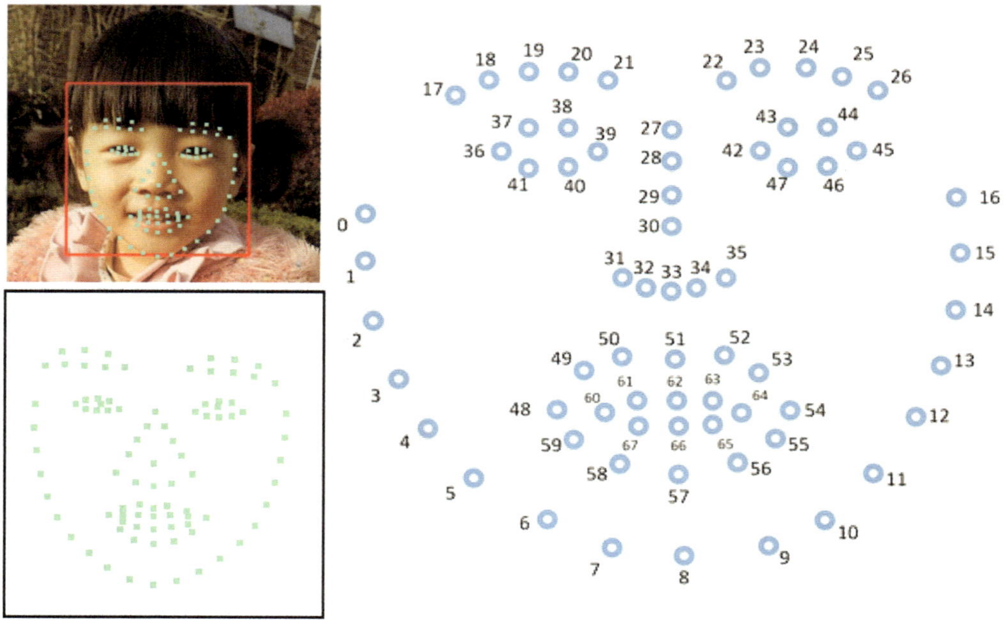

图 1－49　人脸关键点检测及 68 个关键点分布

② 人脸表情分析：基于关键点可以对人的面部表情进行分析，从而用于互动娱乐、行为预测等场景。

1.6.3　实战演练

1. 在 OpenCV 中实现人脸检测

OpenCV 提供了人脸检测功能，使用 OpenCV 便可以制作一个简单的人脸识别器，其功能是从一个图像中找出人脸的位置，并使用矩形标示出其大小。

(1) 读取图像，创建人脸识别器

调用级联分类器(CascadeClassifier)中自带的人脸识别模型(haarcascade_frontalface_default.xml)进行人脸区域的检测。代码如下：

```
face_cascade = cv2.CascadeClassifier('haarcascade_frontalface_default.xml')
faces = face_cascade.detectMultiScale(img,1.3,5)
```

检测人脸区域时，1.3 和 5 这两个数的取值越大，准确率越高，但识别率则会降低。试着减小或增大这两个数的取值，看看检测效果会发生什么变化。

(2) 标注人脸区域

使用 for 循环在检测到的人脸区域上绘制矩形框。代码如下：

```
for (x,y,w,h) in faces:
    cv2.rectangle(img,(x,y),(x+w,y+h),(0,0,255),2)
```

核心代码如下：

```
import cv2
img = cv2.imread('ntl.jpg')                                          #读取图像
face_cascade = cv2.CascadeClassifier('haarcascade_frontalface_default.xml')
                                                                     #创建人脸识别器
faces = face_cascade.detectMultiScale(img,1.3,5)                     #检测人脸区域
for (x,y,w,h) in faces:
    cv2.rectangle(img,(x,y),(x+w,y+h),(0,0,255),2)                   #标注人脸区域
cv2.imshow('Image',img)                                              #显示检测结果
```

程序运行结果如图 1－50 所示。

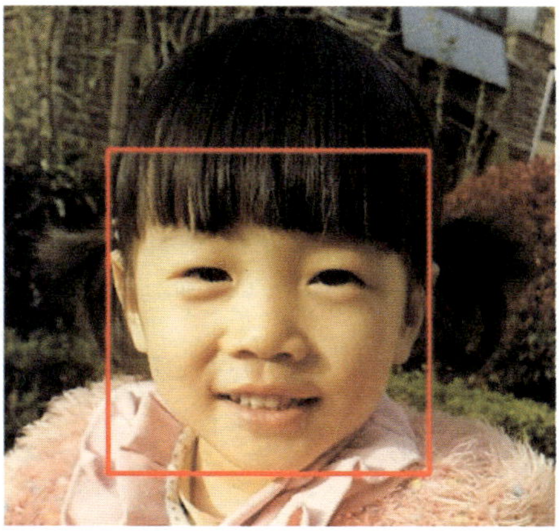

图 1－50　程序运行结果

2. 利用商汤教育平台实现人脸关键点检测和动态表情包制作

登录商汤教育平台网站(https://ai.laoshanedu.com)，输入用户名和密码，进入平台。单击“课程中心”，选择“人工智能入门(上)”，打开“图像处理基础”中的实验项目“表情包 2－人脸关键点检测”(见图 1－51)，上传人脸图像并进行关键点的检测；然后再选择“表情包 3－大项目：动态表情包制作”(见图 1－51)，使用人脸关键点技术，通过控制上传图像中人脸关键点的移动，来实现自制动态表情包。

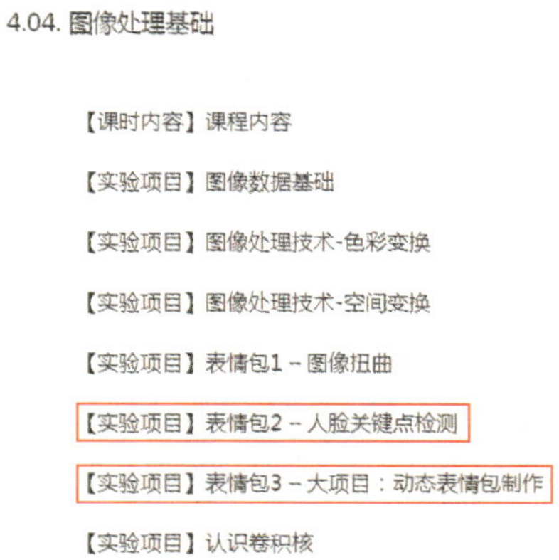

图 1－51　商汤教育平台

同样的，也可以使用平台中内置的图像，按照实验步骤来完成任务。

(1) 人脸关键点检测

商汤教育平台中的 API 提供了人脸的 68 点检测模型，使用 face_keypoints() 检测上传图像中的人脸关键点，打印并观察返回的人脸关键点坐标。代码如下：

```
img = imread('http://sensestudy - server/api/resource/public/accountstorage - objs/0ca9e622 - ee77 - 44f5 - 82b1 - 748fefe21c4b/ntl.jpg')    #上传人脸图像
points = face_keypoints(img)                  #检测人脸关键点
print(points)                                 #打印关键点坐标
```

(2) 人脸关键点可视化

使用 draw_points()函数将检测的关键点绘制到原人脸图像上，并显示出来。代码如下：

```
ip = draw_points(img,points)        #绘制关键点
fig() + image(ip)                   #显示带人脸关键点的图像
```

(3) 找出嘴角和眉心的位置并可视化

在人脸 68 个关键点中找到控制表情最关键的 4 个点——左右眉心和两个嘴角。对照左右眉心和两个嘴角的关键点编号，找出人脸关键点的坐标，将其以列表结构存储到变量 cundian 中，然后使用 draw_points(img,cundian)函数将这 4 个点绘制到人脸图像上并显示出来。代码如下：

```
ml = points[48]                     #左嘴角坐标
mr = points[54]                     #右嘴角坐标
le = points[19]                     #左眉心坐标
re = points[24]                     #右眉心坐标
cundian = [ml,mr,le,re]             #储存 4 个关键点坐标到列表中
img1 = draw_points(img,cundian)     #绘制关键点
fig() + image(img1)                 #显示图像
```

(4) 设置拉伸函数制作表情包

使用商汤教育平台中的 API 提供的 make_sticker(img,warp_params)来制作表情包动图。其中，参数 warp_params 为指定关键点的拉伸程度。例如：[le,(0,−5),35]为设置关键点左眉心的位移，水平方向上变化为 0，竖直方向上变化为−5(行数减少 5)，影响范围(半径)为 35，数值单位均为像素。最后使用函数 gif()输出动态表情包 sticker，并显示出来。代码如下：

```
warp_params = [[le,(0, - 5),35],[re,(0, - 5),35],[ml,( - 5, - 5),40],[mr,(5, - 5),
40]]                                                   # 设置 4 个关键点的拉伸程度
sticker = make_sticker(img,warp_params)                # 制作动态表情包
fig() + gif(sticker)                                   # 显示动态表情包
```

程序运行结果如图 1 - 52 所示。

```
[(90, 179), (93, 205), (98, 230), (101, 254), (108,
276), (123, 293), (140, 307), (158, 319), (178, 324),
(200, 322), (222, 312), (244, 299), (262, 283), (274,
261), (279, 237), (284, 212), (288, 185), (103, 165),
(113, 151), (131, 146), (149, 149), (166, 155), (197,
157), (216, 153), (236, 152), (254, 157), (268, 170),
(181, 183), (181, 198), (180, 214), (178, 230), (160,
242), (170, 244), (179, 245), (189, 245), (199, 245),
(123, 185), (134, 181), (146, 181), (156, 189), (146,
190), (133, 190), (211, 192), (222, 184), (234, 184),
(245, 189), (235, 192), (222, 193), (145, 268), (159,
264), (171, 260), (179, 262), (189, 261), (203, 266),
(218, 272), (203, 284), (189, 288), (178, 288), (169,
286), (158, 280), (151, 269), (171, 268), (179, 269),
(189, 269), (212, 272), (189, 278), (179, 278), (170,
277)]
```

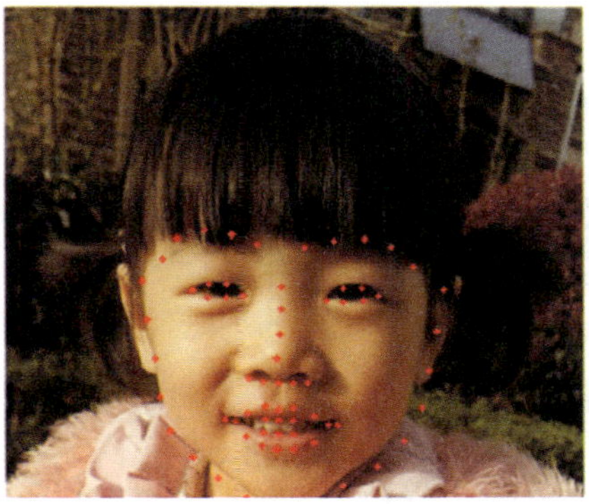

图 1 - 52　程序运行结果

请你改变 warp_params 里的参数，为关键点设定不同的拉伸程度，尝试实现不同的表情包效果吧！

1.6.4　拓展延伸

智能人脸测试

想测测你的颜值吗？想知道你的脸型和皮肤状况吗？智能人脸测试可以对你的脸进行分析，并通过多方位的人脸识别，提供较精准的测试数据。

智能人脸测试 APP，这一软件拥有颜值测试、皮肤测试、颜值大比拼、脸型测试等多个人脸分析功能，它尽量贴合现实，给出人脸测试的分析结果，如图 1－53 所示。

图 1－53　智能人脸测试结果

上述功能测试的结果都是基于人工智能及大数据分析，其中颜值的测试结果主要是依据眼睛、嘴巴、鼻子、脸型等维度计算得出的，对皮肤的评估主要依据色斑、青春痘、黑眼圈、皮肤健康等维度进行分析。

旷视 Face 人工智能开放平台中对于人脸关键点的检测和颜值、皮肤等的分析十分具体。登录平台网站，快快上传图像测测你的脸吧！

(1) 颜值评分(https://www.faceplusplus.com.cn/beauty)

计算检测到的人脸的颜值分数,分别返回男性和女性视角下该人脸的颜值分数,测试结果如图 1-54 所示。

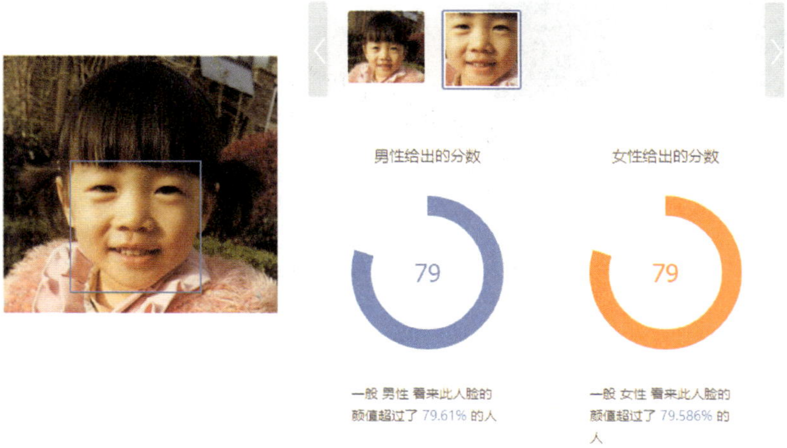

图 1-54　颜值评分结果

(2) 面部特征分析(https://www.faceplusplus.com.cn/facial-features)

准确识别面部五官属性,包括三庭五眼分析及面部各部位(包括眉毛、眼睛、鼻子、嘴巴、下巴等)属性分类,部分结果显示如图 1-55 所示。

图 1-55　部分面部特征分析结果

(3) 皮肤分析(https://www.faceplusplus.com.cn/skinstatus-evaluation)

准确分析皮肤状态,如皮肤颜色、肤质、双眼皮、眼袋、黑眼圈、皱纹、痘痘、斑点等,结果如图 1-56 所示。

图 1－56　皮肤分析结果

1.6.5　本节练习

① 选择一幅含多张人脸的集体图像，调用人脸识别程序体验对多张人脸的识别效果。

② 参考读取静态图像进行人脸检测的程序，打开资源文件夹中的素材“02 动态人脸实时检测.py”，调用摄像头，尝试用 Python 体验对动态的人脸进行实时跟踪检测。

③ 思考影响人脸识别速度的因素有哪些？

1.7　人脸识别与属性分析

1.7.1　情景展现

人脸识别技术的应用领域已经越来越广泛，它不仅为我们的生活带来了便利，还为我们营造了更安全的生活环境。人脸识别在诸如手机解锁、现金支付与提取、交通出行的安检、身份认证、考勤打卡、智能安防监控等领域已大放异彩，图 1－57 所示为人脸识别的一些应用场景。

小智在超市买完东西结账时，发现可以使用人脸认证进行付款，非常的智能。他想了解其原理，需要解决的问题是：

① 人脸识别是如何识别身份的，其原理、过程是什么？

② 人脸识别除了进行身份识别外，还可以对人脸进行哪些分析？

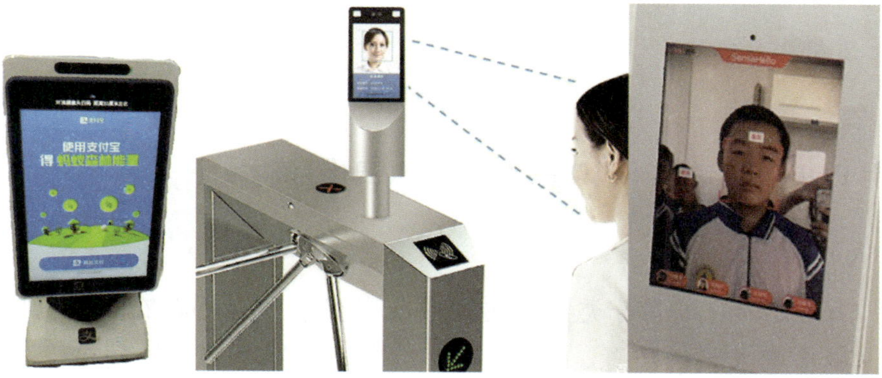

图 1－57　人脸识别应用场景

1.7.2　思考探索

人脸识别是基于人的脸部特征信息进行身份识别的一种生物识别技术。人眼的识别准确率是 97.5%，而在 2014 年计算机的识别准确率就达到了 98.5%，2017 年，计算机的识别准确率已经达到 99.99%。计算机进行人脸识别的速度也比人工识别筛选速度要快得多，计算机通过摄像头抓拍到人类脸部特征，配合后台大数据系统，短短几秒钟就能够完成人脸数据的筛选和比对工作。

计算机人脸识别过程

计算机进行人脸识别的过程与人眼的识别过程很像。计算机识别人脸的过程就是计算机采集人脸的特征信息，然后通过完善的计算机算法把这些信息与模板中的信息进行匹配对比，从而自动准确地辨认出人的真实身份。

人脸识别的一般步骤如图 1－58 所示。

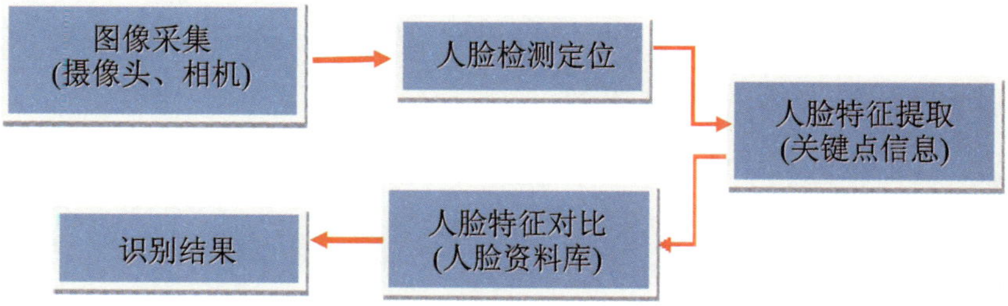

图 1－58　人脸识别的一般步骤

1.7.3 实战演练

1. 用 Python 走进计算机中的人脸识别(身份)技术

(1) 人脸检测

使用 OpenCV 的级联分类器检测图像或者视频中是否存在人脸,如果存在人脸,则进一步检测人脸的位置、大小和各个主要面部器官的位置信息。

(2) 建立人脸模型

运行资源文件夹中的素材程序“face_training. py”,让计算机对 training 文件夹中的图像进行训练,提取人脸中所蕴含的身份特征。经过训练的计算机可以识别小芯(xiaoxin)和小涵(xiaohan)这两个小女孩。人脸识别器文件需要与程序文件“face_training. py”放置在同一文件夹下,如图 1-59 所示。

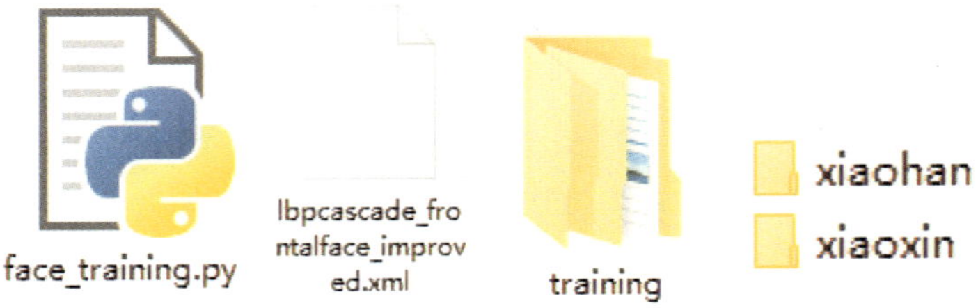

图 1-59 人脸模型训练文件素材

```
training.py ========
training: 1 training/xiaohan/
training: 2 training/xiaoxin/
>>>
```

图 1-60 人脸模型训练运行结果

程序运行结果如图 1-60 所示。

程序运行完成后,机器会自动形成具有人脸训练的模型文件“trainer. yml”,修改程序“face_training. py”中的如下代码,就可以自己创建新的 training 文件夹,在里面放置自己想要测试的不同人物的人脸图像。

```
if __name__=='__main__':
    #读取人脸图像
    read_face(1,'training/xiaohan/')
    read_face(2,'training/xiaoxin/')
```

(3) 人脸识别

运行资源文件夹中的素材程序“face_check. py”进行人脸识别,调用(2)中已经训练好的人脸识别模型进行测试,测试文件使用 testing 文件夹中的图像(如

test02)，将其与已建立的人脸模型进行对比，文件素材如图 1－61 所示。

图 1－61　人脸识别测试文件素材

程序运行结果如图 1－62 所示。

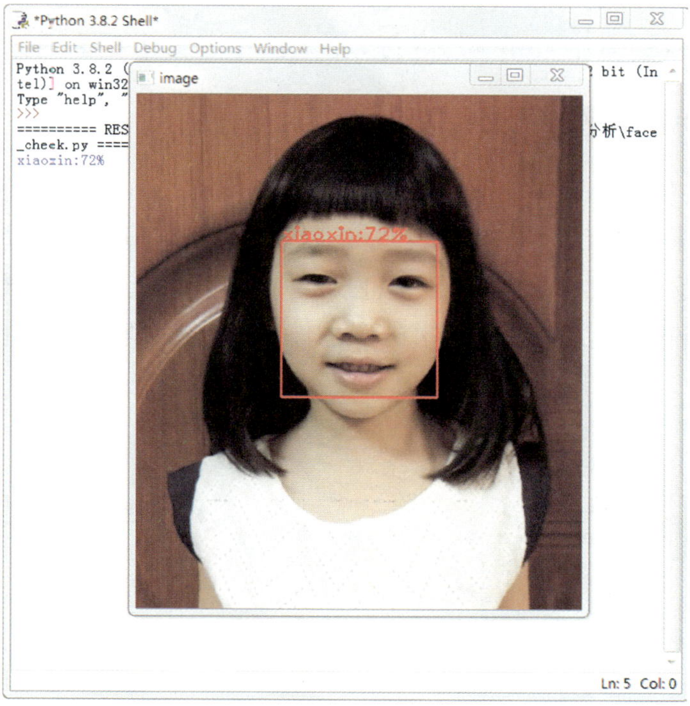

图 1－62　人脸识别测试结果

程序运行结果中的 72% 为人脸匹配的相似度，值越大，表明是目标图像的可能性越大。当检测到的人脸与训练目标一致，且相似度超过 50% 时，就在图像人脸区域绘制矩形表示识别出人脸，否则测试图像上无任何的人脸检测识别结果。

通过修改程序“face_check.py”中的代码，尝试测试 testing 文件夹里的任一图像。此外，通过修改 confidence 的判断取值，也可以尝试降低或者增加人脸相似度识别的匹配值。可以进行修改的代码如下：

```
test_img = cv2.imread('testing/test02.jpg')        #读取要识别的图像

if label >0 and confidence >50:
```

注意：① 所有训练、测试的图像文件名称不能包含中文字符！

② taining 文件夹中的训练照片关系到识别准确率，因此训练照片的选取有一定的要求，即所选照片必须是个人照，照片中不能有除识别者之外的其他人，脸部特征越清晰越好，最好是近景镜头。选择的照片越多越好，最好超过 10 张。

③ 运行程序“face_training. py”后，如果报错，出现问题“AttributeError: module 'cv2. cv2' has no attribute 'face'”，可能是因为 cv2 相关包没有安装完成或者是缺少相关包，只需要安装相应的包（pip install opencv-contrib-Python -i https://pypi. douban. com/simple/）即可，具体操作步骤见附录 A。

2. 利用商汤教育平台实现表情识别

登录商汤教育平台网站（https://ai. laoshanedu. com），输入用户名和密码，进入平台。单击“课程中心”，选择“人工智能启蒙（上）”，打开“第一章 人工智能启蒙第一册”中的实验项目“计算机视觉”，如图 1－63 所示，上传人脸图像，检测并识别人脸表情。同样的，可以使用平台中内置的图像，按照实验步骤来完成任务。

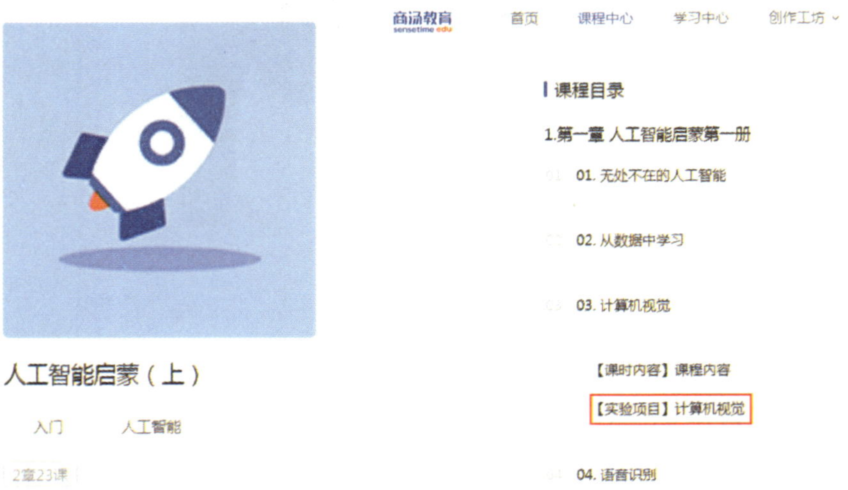

图 1－63　商汤教育平台

(1) 上传图像并显示

复制图像保存的路径，并赋值给变量 img。代码如下：

```
url = 'http://sensestudy - server/api/resource/public/accountstorage - objs/
0ca9e622 - ee77 - 44f5 - 82b1 - 748fefe21c4b/ntl.jpg'        #上传图像，复制路径
```

```
img = load_image_url(url)                    # 加载上传的图像
imshow(img)                                  # 显示上传的图像
```

(2) 获取表情识别模型

使用函数 get_emotion_recognizer()获取表情,并将表情识别模型赋值给 detector。代码如下:

```
detector = get_emotion_recognizer()       # 获取表情识别模型
```

(3) 表情识别并显示结果

使用函数 reccgnize_emotion()识别表情模型 detector,并将识别的人脸表情赋值给 res 变量,打印输出结果。代码如下:

```
res = recognize_emotion(detector,img)        # 识别图像中的人脸表情
print(res)                                   # 打印识别的表情结果
```

程序运行结果如图 1－64 所示。

上述程序运行结果中对图像人脸表情识别为 happy,尝试上传不同表情的人脸图像,查看程序运行的结果是否不同。人脸表情识别结果还可以为 sad(伤心)、scared(恐惧),此外还有 calm(平静)等不同的表情。

图 1－64　程序运行结果

3. 利用百度人工智能开放平台实现人脸对比、人脸检测与属性分析

(1) 百度人工智能——人脸对比

在网站(https://ai.baidu.com/tech/face/compare)上上传两张不同的人脸图像,先在右侧上传被匹配对比的包含人脸的图像,再在左侧上传要匹配对比的包含人脸的图像,将两张人脸进行 1∶1 比对,可以得到人脸相似度的结果。对比的相似度值越高,表明他们是同一个人的概率就越大,对比结果如图 1－65 所示。该网站支持生活照、证件照、身份证芯片照、带网纹照、红外黑白照 5 种图片类型的人脸对比。

(2) 百度人工智能——人脸检测与属性分析

在网站(https://ai.baidu.com/tech/face/detect)上上传人脸图像进行人脸

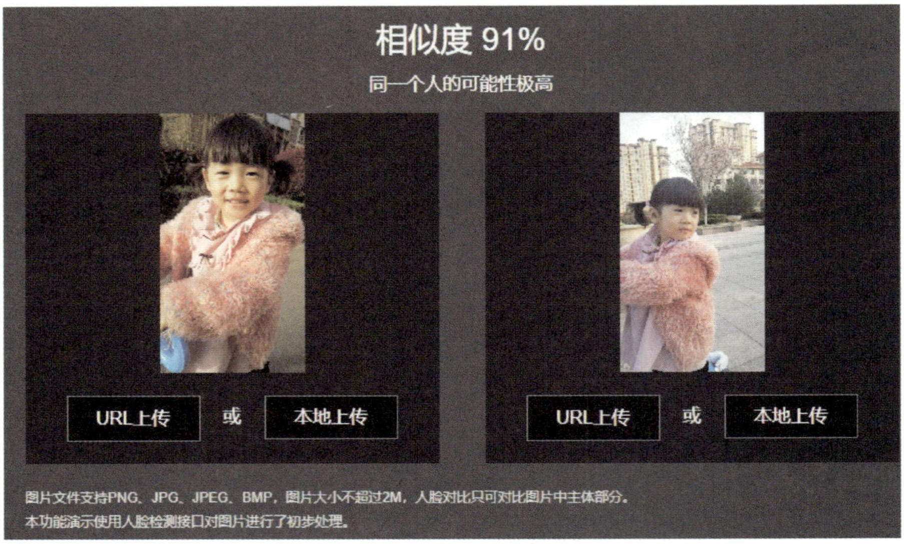

图 1－65　人脸识别相似度对比结果

检测与属性分析，结果如图 1－66 所示。观察分析结果可以看出，对于人脸属性的分析可选择性地使用并查看年龄、颜值、表情、脸型、性别等信息。百度人工智能开放平台最多可同时处理并分析 10 张人脸，尝试上传多张人脸图像，查看其对人脸检测与属性分析结果的准确率吧！

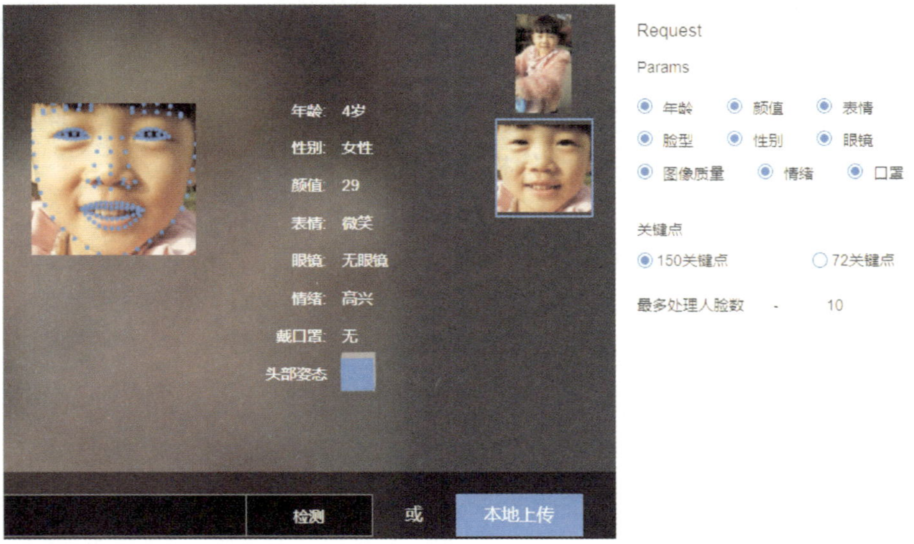

图 1－66　人脸检测与属性分析结果

1.7.4　拓展延伸

AI 变脸王

你还记得你小时候的样子吗？你想看看未来的你吗？人工智能技术可以让你一键回到童年，让你和亲人朋友来一场时间旅行，分享彼此变老后的样子。如果你忘记了拍照时的年龄，使用人工智能预测一下年龄，便能立刻勾起你当时的美好回忆。

AI 变脸王 APP 就是一款有趣的特效拍照软件，里面有着海量优质的人工智能特效，支持变老、童颜、抠图等多样实用功能的使用，可以轻松进行多样化主题的选择，让你的变脸更加富有乐趣。图 1－67 为 AI 变脸王进行年龄测试结果。

图 1－67　AI 变脸王进行年龄测试结果

基于深度学习引擎和人脸识别算法的面部融合技术，可以一秒实现“疯狂变脸”。其中腾讯云的人脸融合技术可以实现对指定的两张人脸图像进行融合，使生成的图像具备两个人的特征。

登录网站（https://cloud.tencent.com/product/facefusion），分别上传模板图像以及要进行变脸融合的图像，快快体验不同的人脸融合效果吧！融合效果如图 1－68 所示。

目前的“AI 换脸”技术已经达到了惊人的水准，例如被称为现代网络“易容术”的 Deepfake 就是比 PS 强大很多的动态换脸技术，它采用最先进的人工智能技术，通过比较简单的运算，就有可能生成以假乱真的视频。“AI 换脸”技术最早是被用于影视后期制作，其神奇的特效甚至可以达到以假乱真的效果，然而这也

图 1－68　不同人脸进行人工智能变脸融合效果

给人的肖像权、隐私权，以及信息安全带来了严峻的挑战。通过大数据和机器学习，人工智能将特定的信息解构后，重构成为难以分辨的虚假信息。“AI 换脸”及变声技术也极有可能成为犯罪分子的诈骗、勒索利器。

目前，“AI 换脸”技术多被用于娱乐，我们应知悉这是一项能极大程度混淆身份信息，甚至可能令社会信用体系走向崩溃的技术，使用时也应该更加谨慎，千万不要触犯法律、侵犯他人的隐私。

1.7.5　本节练习

打开资源文件夹中的素材“微笑检测. py”，修改程序，使用不同的人脸图像，调试并运行程序，体验人脸的微笑检测功能，运行结果如图 1－69 所示。

图 1－69　人脸微笑检测结果

1.8　3D 立体图像

1.8.1　情景展现

我们看到的绝大多数图像都是平面的、二维的，在科技飞速发展的今天，我们也可以很容易地看到一些 3D 立体的、虚拟的图像。比如 3D 电影，将平面的影像以立体的形式展现，如图 1－70 所示。

图 1－70　3D 电影

学习了人工智能后，小智想要将自己拍摄的平面图像转换为 3D 立体图像，如图 1－71 所示。他需要了解以下问题：

① 人工智能中有哪些技术可呈现 3D 立体的图像?

② 什么是裸眼 3D 技术和 3D 全息投影技术，它们之间有什么区别?

图 1－71　3D 全息投影

1.8.2　思考探索

3D 立体图像是利用人们两眼视觉差别和光学折射原理在一个平面内使人们可直接看到一幅三维立体图，画中事物既可以凸出于画面之外，也可以深藏其中。

立体图像的观看方式有很多种，一般有时分式、互补色、偏振光、全息式等，不同的方式需要用不同的 3D 眼镜收看，或者根本不需要用 3D 眼镜(即裸眼 3D)。

1. 双眼体视成像技术

人之所以能够看到立体的景物，是因为人的左右两眼有间距，造成两眼的视角有些细微的差别，而这样的差别会让两眼个别看到的景物有一点点的位移。而左眼与右眼图像的差异称为视差，人的大脑很巧妙地将两眼的图像进行融合，便产生出有空间感的立体视觉效果。

将两幅具有视差的平面图像组合便可构成立体图像，但这需要戴上辅助装置(3D 眼镜、头盔)进行观看，如图 1－72 所示。

图 1－72　佩戴 3D 眼镜成像效果

2. 光栅立体影像技术(裸眼 3D 技术)

裸眼 3D 技术是利用人两眼具有视差的特性，通过光栅原理，在不需要任何辅助设备(如 3D 眼镜、头盔等)的情况下，即可获得具有空间、深度的逼真立体形象，但其实质上还是平面，如图 1－73 所示。

图 1－73　裸眼 3D 成像效果

平面图有立体感主要是运用光影、虚实、明暗对比来体现的，将两幅以上的具有水平视差的图像合成便可组成立体图像，我们无须配戴眼镜即可观看立体画面。

3. 3D 全息投影技术

3D 全息投影技术也称虚拟成像技术，是利用干涉和衍射原理记录并再现物体真实的三维图像的技术。3D 全息投影成像是根据海市蜃楼原理形成的，是一种因光的折射和全反射而形成的虚像，我们无须配戴眼镜就可以看到立体的虚像，如图 1－74 所示。

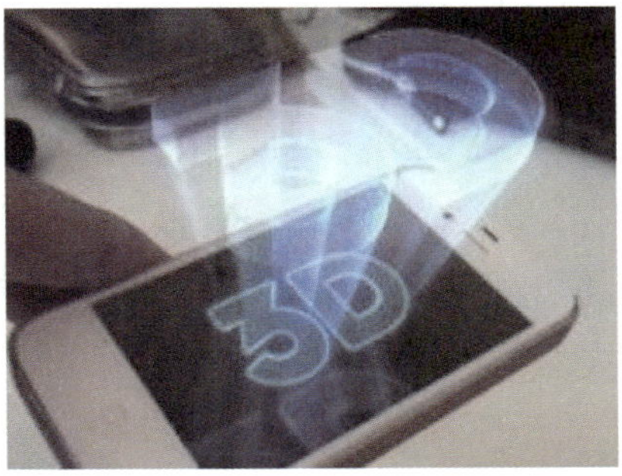

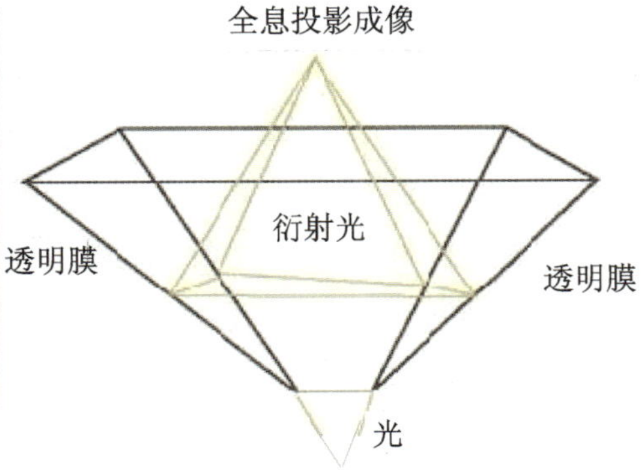

图 1－74　3D 全息投影成像

3D 全息投影技术，通过投影设备将不同角度的影像投射到全息投影膜上面，这层膜具备相当高的透明性，能够呈现清晰的图像，我们可以透过这层全息投影膜看到多个角度的图像。其本质就是在空气或者特殊的立体镜片上形成立体的影像。不同于平面银幕投影仅仅在二维表面通过透视、阴影等效果实现立体感，3D 全息投影技术是真正呈现 3D 的影像，我们可以从 360°的任何角度观看影像的不同侧面。

3D 全息投影技术不仅可以产生立体的空中幻象，还可以使幻象与表演者产生互动，一起完成表演，产生令人震撼的演出效果。例如，图 1－75 所示为 2015 年羊年春晚采用最新的 3D 全息投影技术，打造了专门的三维舞台，让多人同台演绎蜀绣艺术，为我们展现出了婀娜的蜀绣之美。

图 1－75　3D 全息投影舞台效果

目前，裸眼 3D 技术、3D 全息投影技术依旧在不断发展，也必将为人们的生活带来更多的惊喜和便利。其应用也十分广泛，它可以模拟战场环境，可以突破时间和空间的限制，用虚拟影像来展现真实的历史。在超大屏幕的影院中，我们无须佩戴特制的眼镜,就能有身临其境的感觉,它还可以营造出亦幻亦真的视觉氛围,具有超级强烈的视觉冲击力。

裸眼 3D 和 3D 全息投影这两者原理不同,效果也不一样。裸眼 3D 对观看的角度和距离有要求,但是 3D 全息投影则没有什么特别要求。裸眼 3D 的视频源需要特制,但可以从普通的 2D 片源进行转换,不需要重新制作;而 3D 全息投影的视频不能用普通的视频源播放,必须是特制的视频。

1.8.3 实战演练

1. 使用智能手机或平板计算机将虚幻的影像悬浮投影在其上方,实现 3D 全息投影成像

材料准备:透明塑料片、剪刀、彩笔、透明胶带、智能手机或平板计算机、3D 全息投影的源图像或视频素材。

(1) 制作 3D 全息投影设备

在纸上绘制出一个上底长为 1 cm、腰长为 3.5 cm、下底长为 6 cm 的等腰梯形,尺寸参考图如图 1-76 所示。

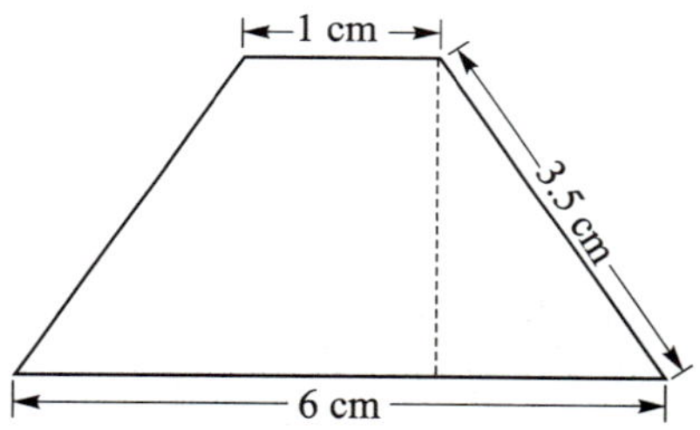

图 1-76　3D 全息投影设备尺寸图

梯形大小不是一成不变的,可以根据自己的手机或平板计算机尺寸来定。

按照图 1-76 所示的梯形图的形状,制作出 4 个相同的图形;然后依据图形裁剪出同尺寸的塑料片,使用透明胶带将其围成金字塔形状;最后顶端将会留出一个边长为 1 cm 的正方形,效果图如图 1-77 所示。

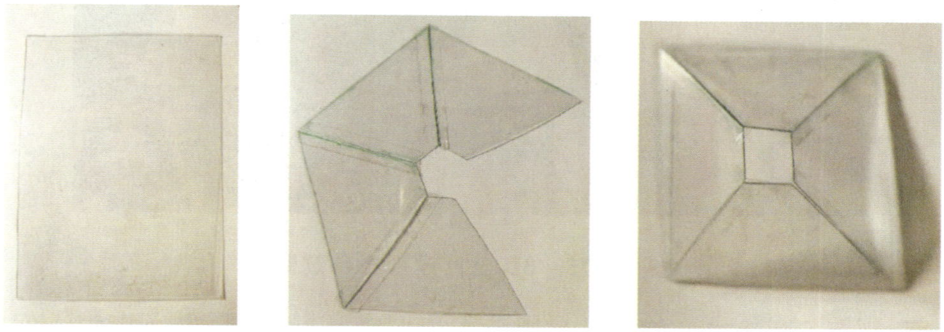
图 1-77　3D 全息投影设备效果图

(2) 制作 3D 全息投影图像

将静态的平面图像转换为 3D 全息投影图像，可以使用画图或美图秀秀等图像处理软件，将图像处理成 4 个沿一定方向旋转 90°的图像，如图 1－78 所示。

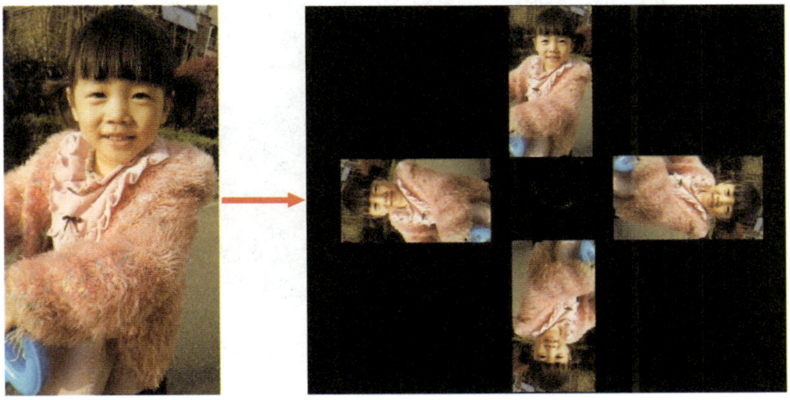

图 1－78 3D 全息投影静态图像制作效果

如果是动态的视频文件，则需要使用专业的 3D 软件进行处理，比较麻烦一些，最为简单的方法是上网搜索并下载 3D 全息投影视频素材，如素材文件夹中已下载好的视频素材“3D 全息投影视频素材. mp4”。

(3) 投射 3D 影像

将金字塔形状的投影设备倒立放置在手机或平板计算机屏幕中央，把手机屏幕调亮、周围环境调暗，3D 全息投影成像效果图如图 1－79 所示。

图 1－79 3D 全息投影成像效果图

思考： 如果将图像转换为图 1－80，投射出的 3D 影像会一样吗？试试吧。

2. 利用 Leadpie 裸眼 3D 交互式一体机完成实验

Leadpie 裸眼 3D 交互式一体机是一种采用实验引擎、虚拟耗材、全息裸眼和体感操控等先进技术，结合实际教学需求研发的全新实验工具，如图 1－81 所示。

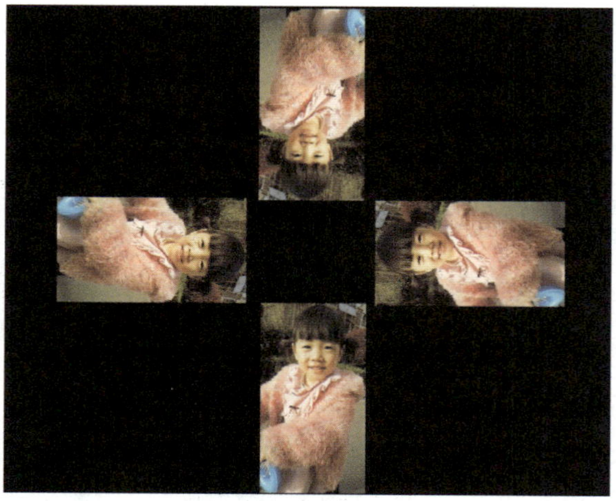

图 1－80　3D 全息投影静态图像素材

它安全高效、简单直观，既能让老师在减负的同时提高教学工作效率，又能让学生在喜爱的同时培养科学兴趣，它让实验教学变得更加便捷、安全、高效、科学。它还能还原天体运行实验、分子结构实验，而且对于周期较长的实验，它也能缩短实验反应时间，让实验结果实时呈现。

目前，Leadpie 实验内容已覆盖物理、化学、生物、地理课程的 1 080 个经典实验。

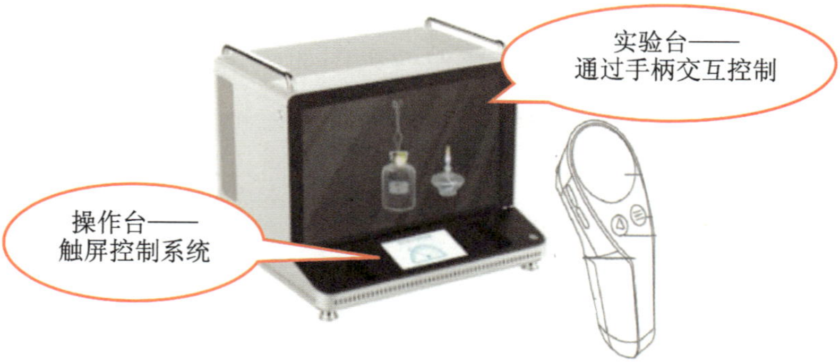

图 1－81　Leadpie 裸眼 3D 交互式一体机

(1) 登录系统，选择实验科目

系统登录及实验科目界面如图 1－82 所示。

单击“物理实验科目”，进入实验列表，选择“水的沸腾”，如图 1－83 所示。

(2) 制作实验——水的沸腾

实验操作步骤如图 1－84 所示。

① 清点实验器材。

图 1－82　系统登录及实验科目界面

② 将石棉网放在铁架台上，将装有水的烧杯放到石棉网上，盖上带有孔的纸板；将温度计从纸板的孔插入水中，上端挂在铁架台上。

③ 用火柴点燃酒精灯给水加热，加热到 90 ℃时开始计时，每隔 1 min 观察一下温度计的示数。

④ 撤去酒精灯并观察现象。

⑤ 回收器材，将实验器材放回原位。

(3) 查看实验报告

单击左侧菜单“实验报告”，查看本人本次实验结果，单击“查看详情”按钮可查看实验步骤详情，如图 1－85 所示。

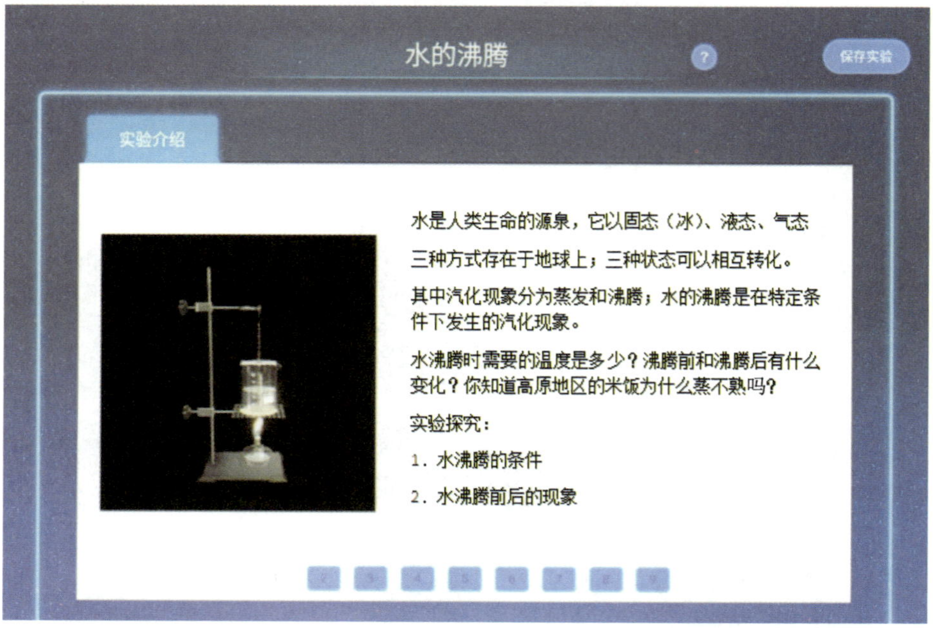

图 1－83　物理实验科目——水的沸腾

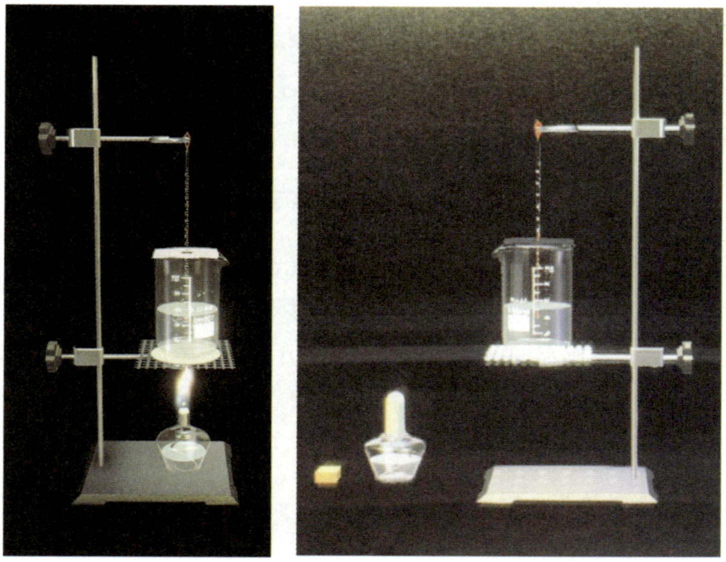

图 1－84　实验操作步骤

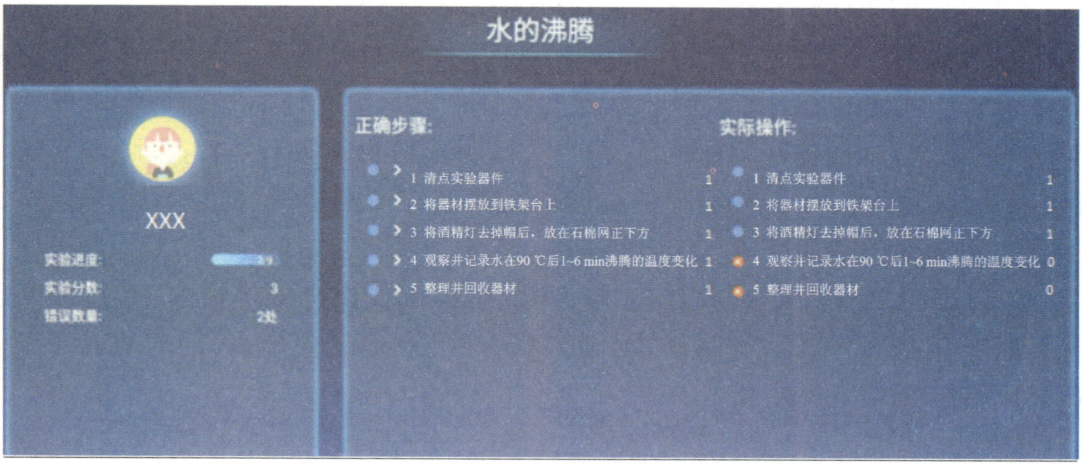

图 1－85 实验报告查看效果

1.8.4 拓展延伸

3D 智能 LED 屏

科技的发展给我们的工作和生活带来很多便利和乐趣。你是否在街道商铺展台上看到过这样的广告宣传设备：它像电风扇一样，通电后，四片叶片开始旋转，安装在叶片上的 LED 灯就会发光，在叶片转动的同时能够展示出一幅幅 3D 影像。它静止时“其貌不扬”，转动起来像在空气中飘浮的炫屏，展现出的 3D 裸眼效果十分震撼。

这就是全息 3D 智能炫屏，如图 1－86 所示，又被称为“3D LED 风扇”。它是空气屏幕，旋转起来以后由 LED 发光，以人眼对光线的视觉停留原理来形成一幅动态的图画，是裸眼 3D 中的一种。

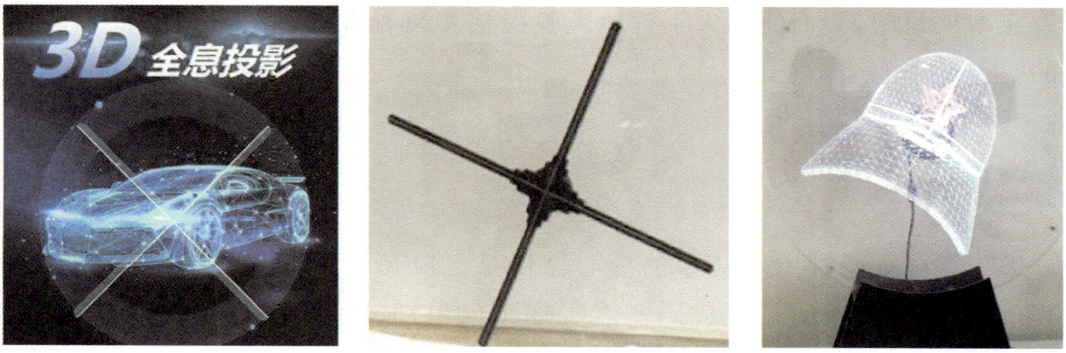

图 1－86 全息 3D 智能炫屏

炫屏依靠 LED 灯和控制它的单片机编程，在旋转杆上控制多颗 LED 灯发光的时间、发光的先后顺序，以及我们眼球对于发光体的滞留显示时差，就显示出来 3D 影像了。我们之所以能看到叶片上投射出的 3D 浮空影像，是因为人眼视觉暂留（POV）现象，即物体在快速运动时，当人眼所看到的影像消失后，人眼仍能继续保留其影像 0.1～0.4 s，从而形成连续的光影留存。由于没有边框，也没有固定的屏幕，看起来像是悬浮在空气中的图像，十分逼真。

LED 灯发光强度大，即使在光线较亮的情况下成像也依然清晰，并且可以远程更新内容和控制编辑，将图像、动画、视频等轻松地展现出来，同时支持 MP4、AVI、Rmvb、GIF 等多种格式。

1.8.5　本节练习

① 选择一幅自己拍的平面图像，将其转换为 3D 全息投影图像。制作投影设备进行投影，使其呈现 3D 效果。

② 搜集资料，了解空气投影、立体投影与 3D 全息投影的区别。

项目实践 1　计算机眼中的世界

情景展现

人眼中的世界和计算机眼中的世界是完全不一样的！

人眼中的世界五彩斑斓、立体形象，如图 1－87 所示；计算机眼中的世界却是一串大小不一的数字，如图 1－88 所示。

在本项目中，我们使用人工智能人脸视觉套装看看计算机眼中的世界是什么样的？

思考探索

人工智能人脸视觉套装里的核心器件是 ZTFR 开发板，它使用 Python 作为编程语言，通过简单的几行代码就能实现颜色识别、图像识别、人脸检测、人脸识别这些高大上的功能。

图 1－87　人眼中的世界

```
[[[  2  13   5]
  [  2  13   5]
  [  3  14   6]
  ...
  [ 19 120  98]
  [ 32 133 111]
  [ 32 133 111]]

 [[  3  14   6]
  [  3  14   6]
  [  3  14   6]
  ...
  [ 20 121  99]
  [ 31 132 110]
  [ 31 132 110]]

 [[  3  14   6]
  [  3  14   6]
  [  3  14   6]
  ...
  [ 20 121  99]
  [ 29 129 107]
  [ 31 131 109]]

 ...

 [[ 47 151  90]
  [ 48 152  91]
  [ 49 153  92]
  ...
```

图 1－88　计算机眼中的世界

实战演练

1. 硬件连接

器材清单见表 1－2 所列。

表 1－2　器材清单

器材名称与数量	图　片	功能描述
ZTFR 开发板 ×1		
摄像头及连接件 ×1	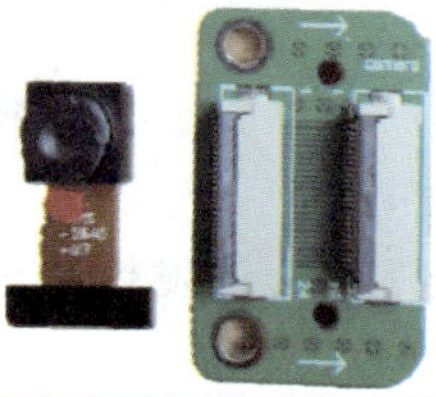	

续表 1－2

器材名称与数量	图　片	功能描述
显示屏 ×1		
24P 连接线 ×1		
microUSB 数据线 ×1		连接开发板与计算机，进行数据传输

图 1－89　连接摄像头与连接件

① 连接摄像头与连接件。将摄像头一端插入连接件 camara 接口，按下黑色卡扣，如图 1－89 所示。

② 使用连接线连接 ZTFR 开发板与连接件。将 24P 连接线的一端（金色面朝下）插入连接件接口，按下卡扣固定。将 24P 连接线的另一端（也是金色面朝下）插入 ZTFR 开发板摄像头接口，按下卡扣固定，如图 1－90 所示。

③ 使用数据线连接计算机与 ZTFR 开发板，如图 1－91 所示。

图 1－90　连接 ZTFR 开发板与连接件

2. 软件安装

ZTFR 使用 MaixPy IDE 作为代码编写和设备调试软件。为了方便大家使用，编者已将 MaixPy IDE 安装包放在资源包中，最新版的 MaixPy 安装包可到官网(https://wiki.sipeed.com)自行下载。

软件的安装很简单，用鼠标双击安装包默认安装即可，安装完毕后在计算机桌面上会出现一个红色的 MaixPy IDE 图标，如图 1－92 所示。双击图标即可打开 MaixPy IDE，如图 1－93 所示。

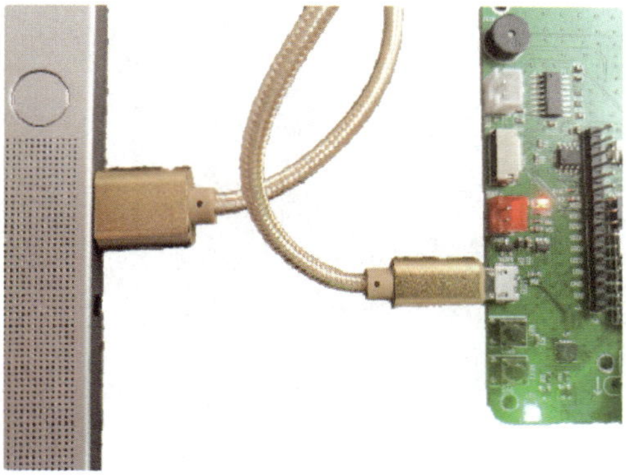

图 1－91　连接计算机与 ZTFR 开发板

图 1－92　MaixPy IDE 图标

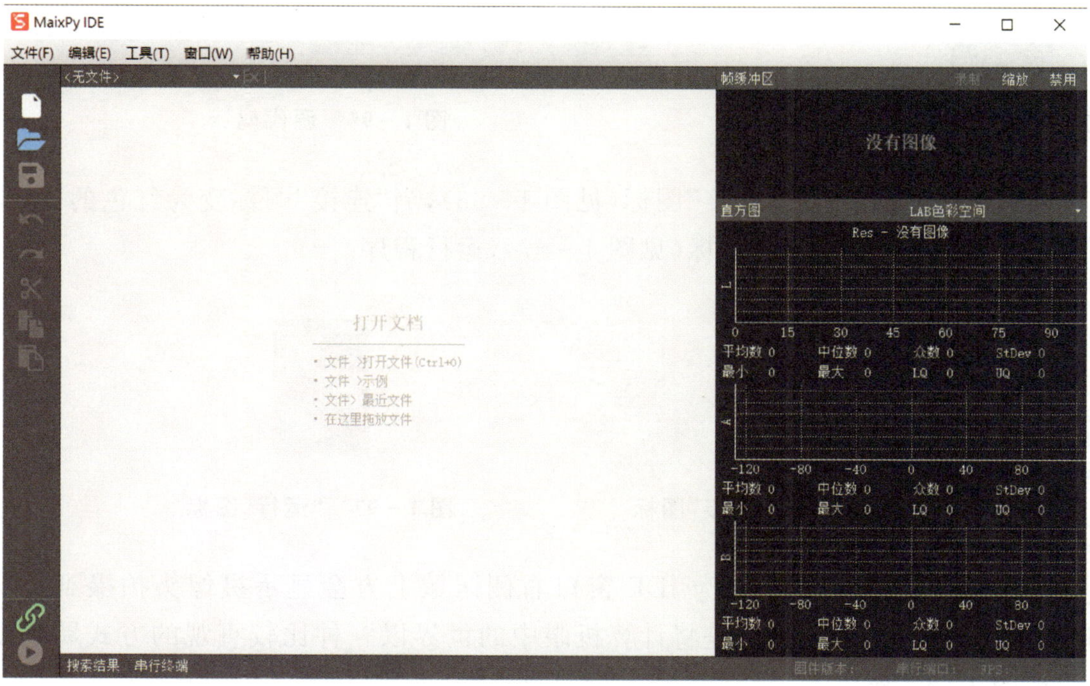

图 1－93　MaixPy IDE 软件界面

3. 代码编写

单击 MaixPy IDE 窗口左侧“新建文件”图标，如图 1－94 所示，创建一个默认代码文件如图 1－95 所示。

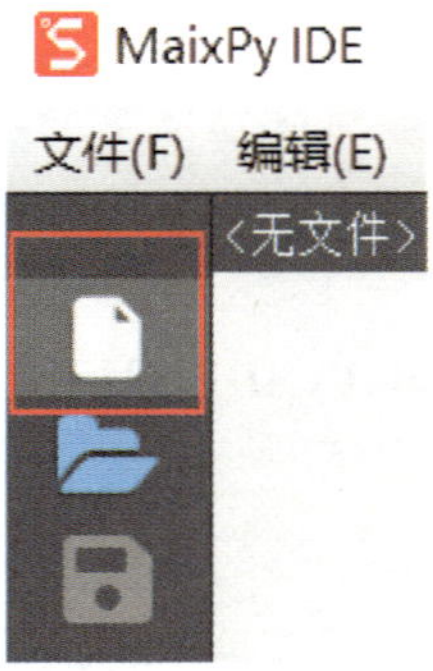

图 1－94 “新建文件”图标

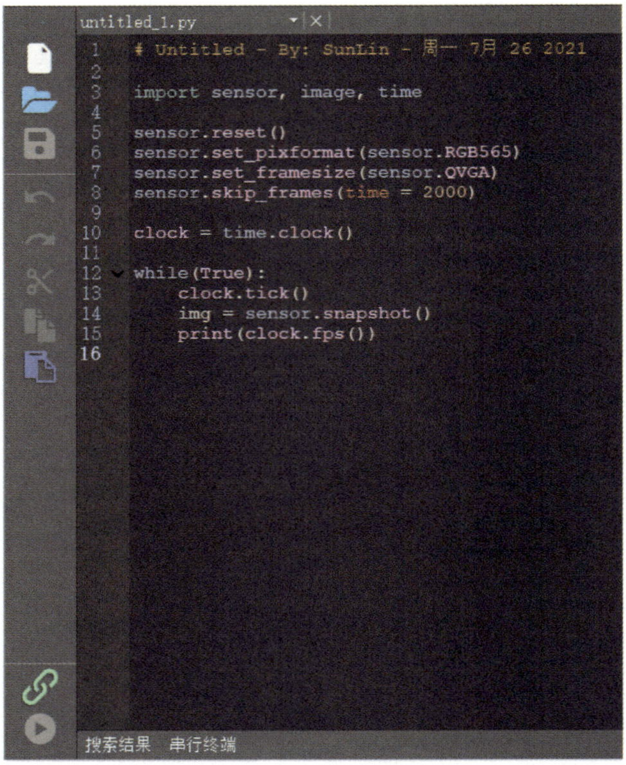

图 1－95 源代码

单击左下角绿色的“连接”图标(见图 1－96)，当“连接”图标变为红色的，单击其下方变为绿色的“运行”图标(见图 1－97)，运行程序。

图 1－96 “连接”图标

图 1－97 “运行”图标

若程序成功运行，MaixPy IDE 窗口右侧区域上方会显示摄像头拍摄到的实时画面，而下方的直方图则是将计算机眼中的世界以一种比较直观的方式展现出来，如图 1－98 所示。

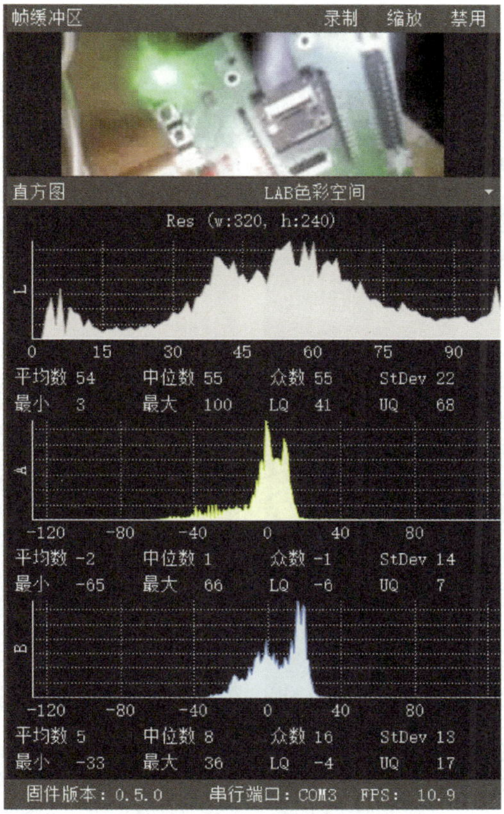

图 1－98　计算机眼中的世界

拓展延伸

单击图 1－99 所示的下拉箭头，我们还可以使用其他的几种展现方式来查看计算机眼中的世界，如图 1－100 所示。

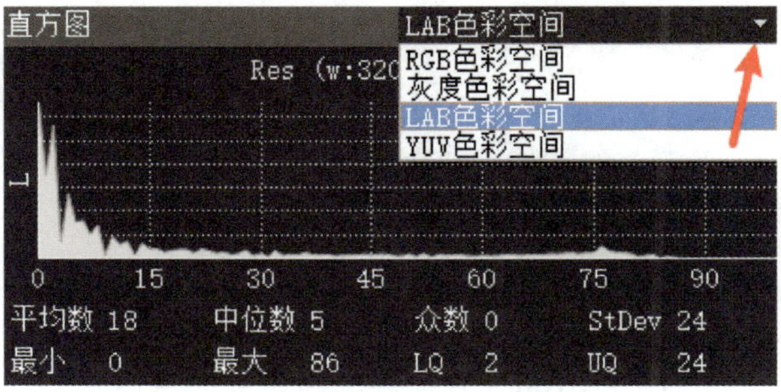

图 1－99　选择不同的图像展现方式

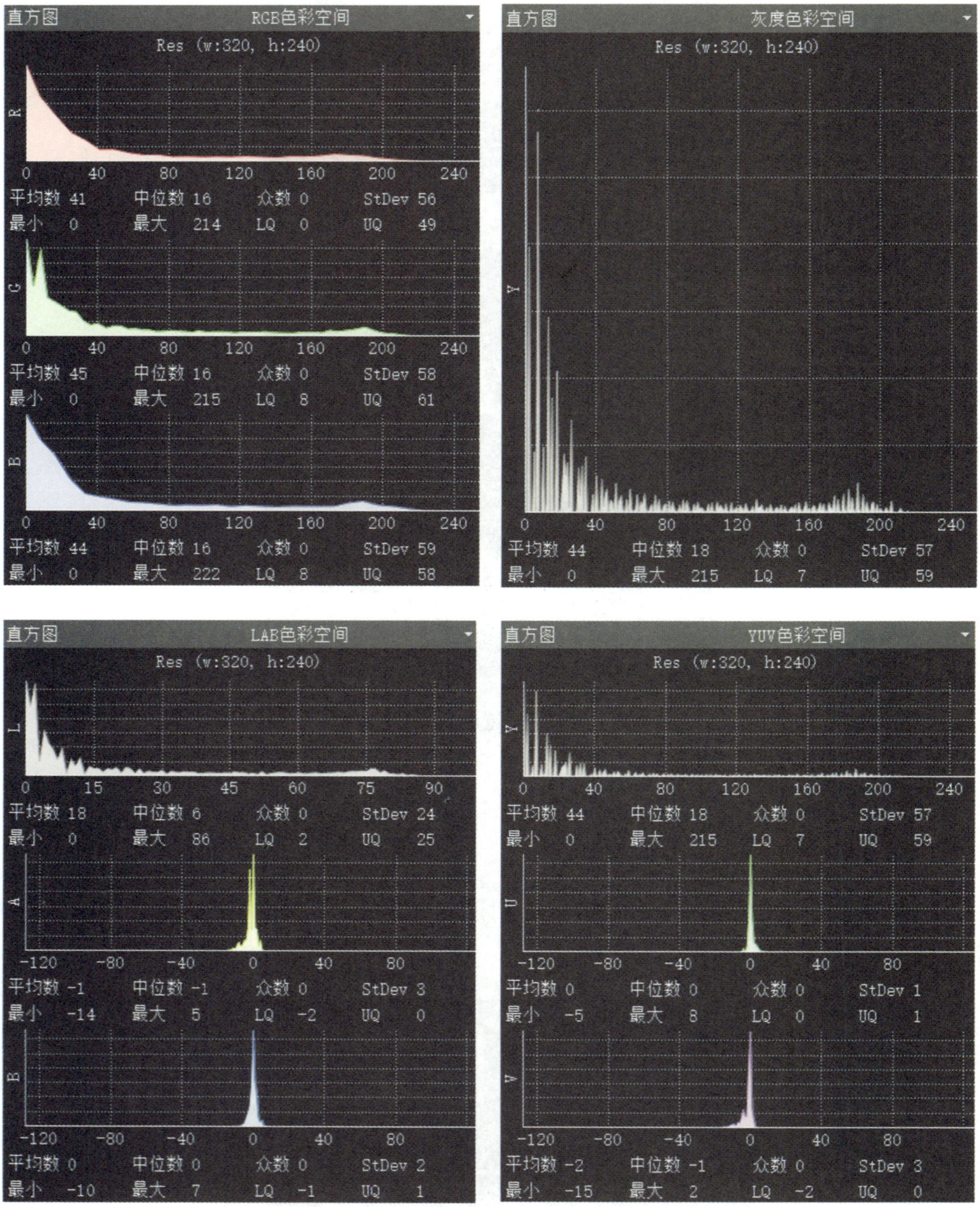

图 1－100　不一样的图像显示方式

本节练习

图 1－101　“终止运行程序”按钮

单击下方红色按钮(见图 1－101),终止运行程序。在示例代码中插入一行代码,如图 1－102 所示。代码输入完成后,单击下方绿色“运行”图标,重新运行程序。

观察窗口右侧帧缓冲区显示的视频(见图 1－103)与插入代码前有什么不同?

```
# Untitled - By: SunLin - 周一 7月 26 2021

import sensor, image, time

sensor.reset()
sensor.set_pixformat(sensor.RGB565)
sensor.set_framesize(sensor.QVGA)
sensor.skip_frames(time = 2000)

sensor.run(1)

clock = time.clock()

while(True):
    clock.tick()
    img = sensor.snapshot()
    print(clock.fps())
```

图 1－102　在示例代码中插入一行代码

图 1－103　插入一行代码后的视频显示

第 2 章　智能文章分析

自然语言是指汉语、英语、法语等人们日常使用的语言，是随着人类社会发展演变而来的语言。它是人类学习、生活的重要工具，对人类文明的延续和发展有重要的意义。如果机器能够非常准确地理解自然语言，那么人工智能的很多应用可以由此实现。因此，自然语言处理一直是人工智能的核心问题之一，利用自然语言处理技术，可以让计算机具备文字阅读能力，帮助人类自动化处理海量文本数据，提升文字处理效率。

2.1　文本文件的处理

2.1.1　情景展现

小文同学酷爱文学，但他跟很多同学一样，一听到要听写、默写就很“头疼”。看着身边存储了大量数据的计算机，小文同学很好奇。他想知道计算机能像人类一样学习吗？它是以什么形式阅读和背诵的呢？速度又有多快呢？

2.1.2　思考探索

Python 文本文件的处理：

为了方便，我们一般会把大量的文本内容存储到一个文件中进行处理，常用的文件格式一般为 TXT 格式。文本文件的处理一般有打开、关闭、读取、修改等操作。

1. 打开、关闭文件

使用 open()打开文件，使用 close()关闭文件。

语法格式：open(‘文件名’,‘打开模式’,……)；目标文件. close()。

常用文件打开模式见表 2－1 所列。

表 2－1 常用文件打开模式

模 式	描 述
r	以只读方式打开文件，这是默认模式
r+	打开文件用于读写，指针放在文件开头
w	打开文件用于写入，若文件已存在则覆盖文件，若文件不存在则新建文件
w+	打开文件用于读写，若文件已存在则覆盖文件，若文件不存在则新建文件
a	打开文件用于追加，若文件已存在则指针放在文件结尾，追加书写；若文件不存在则新建文件

2. 读取文件

(1) 使用 read()读取文件

使用 read()读取文件是一种最简单的方法，它一次性读取文件的所有内容并将其放在一个大字符串中，即存在内存中。这种方法速度快，但文件过大时，占用内存也会过大。

语法格式：目标文件. read(读取字节数)，默认全文。

(2) 使用 readline()读取文件

readline()逐行读取文本，结果是一个列表。它逐行读取，占用内存小，但读取速度慢。

语法格式：目标文件. readline(读取的字节数)，默认整行。

(3) 使用 readlines()读取文件

readlines()一次性读取文本的所有内容，结果是一个字符串。它读取速度快，但文本越大，占用内存越大。

语法格式：目标文件. readlines(读取的字节数)，默认所有行。

3. 修改文件

文本文件的修改主要可以分为两种情况：内容的添加和内容的替换。其主要用到连接符+和 write()、replace()两个函数，write()用来写入，replace()用来替换内容。

2.1.3 实战演练

1. 文本文件内容的添加

可以使用连接符+来添加内容，比如想在 text1 文件后面添加“very good!”。示例代码如下：

```
f = open("text1.txt","r+")
content = f.read()
content_new = content + "very good!"
f.seek(0)
f.truncate()
f.write(content_new)
f.close()
```

这时打开文本文件就会发现在文件最后已经增加了要写入的内容。

2. 文本文件内容的替换

Python 中 replace()用法：把字符串中的 old(旧字符串) 替换成 new(新字符串)，如果指定第 3 个参数 max，则替换不超过 max 次。

replace()语法：

```
str.replace(old,new[,max])
```

其中，old 为将被替换的子字符串；new 为新字符串，用于替换 old 子字符串；max 为可选字符串，替换不超过 max 次。

示例代码如下：

```
f = open("a.txt","r+")
f.seek(0)
content = f.read()
new_content = content.replace("文本","file")        #将文本替换为 file
f.seek(0)                                           #移动文件指针到文件头
f.truncate()                                        #清空文件内容
f.write(new_content)
f.seek(0)
print(f.read())
f.close()
```

2.1.4　拓展延伸

有时候我们用 open()打开文件时会忘记用 close()关闭文件，导致有些操作无法进行。打开文件时用 with 语句就可以解决这个问题，它会在语句执行完后自动执行 close()。

代码如下：

```
with open("a.txt","r+") as f:
    print(f.read)
```

2.1.5　本节练习

请你利用所学知识编写程序，打开一个文档，并替换其中部分内容。

2.2　英文分词

2.2.1　情景展现

```
The eraser is in the pencil-box.
The desks are in the classroom.
The books are in the bookcase.
The picture is on the wall.
The balls are under the sofa.
```

上面这段英文是什么意思？我们是如何阅读及理解上面这一段英文的？

2.2.2　思考探索

1. 分　词

在英文的阅读和写作中，单词是表达语义的最小单位。因此，计算机处理文本数据的第一步就是分词。所谓分词，就是把一句话中的单词分离出来。简单来说，在英文中，我们可以直接使用空格来划分英文单词。split()函数能够通过指定分隔符对字符串进行切片,我们可以利用 split()按照空格对英文文本 text 进行简单分词。

示例代码如下:

```
f = open('text.txt','r')        # 以只读方式打开文本文件 text
readtxt = f.read()
readlist = readtxt.split()
print(readlist)
```

2. 自然语言工具包(nltk)

除了可以利用上述方法进行简单分词外,Python 还提供了强大的分词库供大家使用。

nltk 是一个 Python 第三方分词库,用来处理与自然语言相关的内容,包括分词(Tokenize)、词性标注(POS)、文本分类等。

2.2.3 实战演练

1. 安装 nltk 模块

安装指令为 pip install nltk,具体的安装过程请参看本书附录 A。

2. 分词断句

使用 nltk 可以将段落分割为句子,并根据使用者需要将句子分割为单词。nltk 具有内置的句子和词语分割函数。

有如下的示例文本:

```
Hello Adam,how are you? I hope everything is going well. Today is a good day,see you dude.
```

将这个文本分割为句子,可以使用句子分割函数 sent_tokenize()。

示例代码如下:

```
from nltk.tokenize import sent_tokenize        # 导入 nltk 库中的函数
mytext = "Hello Adam,how are you? I hope everything is going well. Today is a good day,see you dude."
sens = sent_tokenize(mytext)                   # 分割句子
print(sens)
```

运行结果如下：

```
['Hello Adam, how are you? ','I hope everything is going well.','Today is a good day, see you dude.']
```

再比如下面的文字：

```
Hello Mr. Adam, how are you? I hope everything is going well. Today is a good day, see you dude.
```

Mr. 是一个词，可以使用 nltk 进行分句。

示例代码如下：

```
from nltk.tokenize import sent_tokenize
mytext = "Hello Mr. Adam, how are you? I hope everything is going well. Today is a good day, see you dude."
print(sent_tokenize(mytext))
```

运行结果如下：

```
['Hello Mr. Adam, how are you? ','I hope everything is going well.','Today is a good day, see you dude.']
```

Great！结果棒极了。

我们可以尝试使用分词函数 word_tokenize()进行分词，看看它是如何工作的。示例代码如下：

```
from nltk.tokenize import word_tokenize
mytext = "Hello Mr. Adam, how are you? I hope everything is going well. Today is a good day, see you dude."
print(word_tokenize(mytext))
```

运行结果如下：

```
['Hello','Mr.','Adam',',','how','are','you','? ','I','hope','everything','is','going','well','.','Today','is','a','good','day',',','see','you','dude','.']
```

结果不变出意料，Mr. 是一个词，也确实被 nltk 当作一个词。

2.2.4 拓展延伸

分词断句只是 nltk 库非常简单的一个用法，nltk 库作为一个最受欢迎的自然语言处理(NLP)库，功能是非常强大的，比如词性标注要用到上一步的分词结果。

词性标注用到的函数：

```
nltk.pos_tag(tokens)
```

其中 tokens 是句子分词后的结果。

示例代码如下：

```
import nltk
text = "This is a text for test. And I want to learn how to use nltk."
sens = nltk.sent_tokenize(text)      #将文本拆成句子列表
print(sens)

#对句子进行分词
words = []
for sent in sens:
    words.append(nltk.word_tokenize(sent))
print(words)

#标注词性
tags = []
for tokens in words:
    tags.append(nltk.pos_tag(tokens))
print(tags)
```

运行结果如下：

```
['This is a text for test.','And I want to learn how to use nltk.']
[['This','is','a','text','for','test','.'],['And','I','want','to','learn','how','to','use','nltk','.']]
[[('This','DT'),('is','VBZ'),('a','DT'),('text','NN'),('for','IN'),('test','NN'),('.','.')],[('And','CC'),('I','PRP'),('want','VBP'),('to','TO'),('learn','VB'),('how','WRB'),('to','TO'),('use','VB'),('nltk','NN'),('.','.')]]
```

2.2.5 本节练习

请你利用所学知识对以下这段文本进行分词：

```
Atnine o'clock on Thursday morning Arthur didn't feel very good.
```

2.3　中文分词

2.3.1　情景展现

小文同学的综合实践老师给他们布置了一个任务，让他们制作一个关于“崂山茶”的课件，小文想知道大家都是如何入手制作的。

通过询问同学，小文发现大多数同学会先上网搜索关于“崂山茶”的资料，搜索引擎会根据输入的文字准确查找相关内容。小文很好奇，这种功能是如何实现的呢？

其实这就是汉语的自动分词技术。

2.3.2　思考探索

1. 中文分词

众所周知，英文是以词为单位的，词和词之间是靠空格隔开的；而中文是以字为单位的，句子中所有的字连起来才能描述一个意思。例如，英文句子“I am a student”，用中文表示则为“我是一个学生”。计算机可以通过空格知道 student 是一个单词，但是并不容易明白学、生两个字合起来才表示一个词。把中文的汉字切分成有意义的词就是中文分词，有些人也称其为切词。“我是一个学生”分词的结果是：[我][是][一个][学生]。

中文分词到底对搜索引擎有多大影响？

对于搜索引擎来说，最重要的是把最相关的结果排在最前面，这也称为相关度排序。中文分词的准确与否，常常直接影响到搜索引擎对搜索结果的相关度排序。

2. jieba 分词模式

jieba 库是一款优秀的 Python 第三方中文分词库。jieba 利用一个中文词库，确定汉字之间的关联概率，汉字间概率大的组成词组，形成分词结果。

jieba 分词主要的 3 种模式见表 2－2 所列。

精确模式：把文本精确地切分开，不存在冗余单词。

全模式：把文本中所有可能的词语都扫描出来，有冗余。

搜索引擎模式：在精确模式的基础上，对长词再次切分。

表 2－2　jieba 分词主要的 3 种模式

函　数	描　述
jieba.lcut(s)	精确模式，返回一个列表类型
jieba.lcut(s,cut_all=True)	全模式，返回一个列表类型
jieba.lcut_for_search(s)	搜索引擎模式，返回一个列表类型

2.3.3　实战演练

1. 安装 jieba 模块

安装指令为 pip install jieba，具体的安装过程请参看本书附录 A。

2. jieba 分词

看了 2.3.2 小节思考探索中 3 种分词模式的文字描述，大家想必还不是很理解，那么我们便以“中华人民共和国是一个伟大的国家”为例，分别用 3 种方法进行分词。

示例代码如下：

```
import jieba
a = jieba.lcut("中华人民共和国是一个伟大的国家")      #精确模式
#  全模式
b = jieba.lcut("中华人民共和国是一个伟大的国家",cut_all = True)
#  搜索引擎模式
c = jieba.lcut_for_search("中华人民共和国是一个伟大的国家")
print(a)
print(b)
print(c)
```

运行结果如下：

```
['中华人民共和国','是','一个','伟大','的','国家']
['中华','中华人民','中华人民共和国','华人','人民','人民共和国','共和','共和国','国是','一个','伟大','的','国家']
['中华','华人','人民','共和','共和国','中华人民共和国','是','一个','伟大','的','国家']
```

通过上面的输出结果，大家应该对 3 种模式的区别有了更进一步的认识。

让我们练习一下用 3 种模式对以下 3 个句子进行分词：

① 大连圣亚在大连。

② 冬天来了，春天还会远吗？

③ 真的猛士，敢于正视淋漓的鲜血，敢于直面惨淡的人生。

2.3.4　拓展延伸

用 jieba 库对“大连圣亚在大连”进行分词时，会出现以下结果：

```
['大连','圣亚','在','大连']
```

而实际上，大连圣亚是一个旅游公司，不想让它分开，应该怎样做呢？这时需要用到加词函数 jieba.add_word(word)，向分词词典中增加新词 word。

示例代码如下：

```
import jieba
jieba.add_word("大连圣亚")
a = jieba.lcut("大连圣亚在大连")
print(a)
```

运行结果如下：

```
['大连圣亚','在','大连']
```

2.3.5　本节练习

试用 jieba 库对以下内容进行分词，力求分词准确：

世上没有不弯的路，人间没有不谢的花，人这一生能力有限，但是努力无限。

2.4　词频自动处理

2.4.1　情景展现

利用 2.2 节和 2.3 节掌握的分词，我们可以将一篇文章分解成一个个最小的语义单位——单词、词语。一篇文章中一个词出现的次数越多，越表明它可能是该文章的核心词汇，该词对于快速理解文章具有重要的意义，通过它我们可以大体确定文章的重点内容是什么。

图 2－1 是对《红楼梦》中出现次数排名前 100 名的词的统计。

1. 宝玉4 004个	2. 笑道2 454个	3. 什么1 834个	4. 凤姐1 743个
5. 了一1 715个	6. 贾母1 690个	7. 也不1 451个	8. 黛玉1 379个
9. 我们1 226个	10. 那里1 178个	11. 袭人1 156个	12. 姑娘1 136个
13. 去了1 096个	14. 宝钗1 089个	15. 王夫人1 080个	16. 不知1 080个
17. 起来1 059个	18. 听了1 052个	19. 出来1 049个	20. 来了1 040个
21. 怎么1 027个	22. 如今1 008个	23. 你们1 007个	24. 丫头997个
25. 知道988个	26. 说道979个	27. 老太太975个	28. 贾政951个
29. 奶奶934个	30. 说着899个	31. 他们899个	32. 不是890个
33. 众人877个	34. 自己838个	35. 一面834个	36. 不得811个
37. 只见791个	38. 两个782个	39. 贾琏776个	40. 没有774个
41. 家的697个	42. 这个696个	43. 听见694个	44. 进来689个
45. 平儿689个	46. 这样664个	47. 老爷644个	48. 的人630个
49. 东西614个	50. 告诉605个	51. 就是603个	52. 咱们603个
53. 姐姐595个	54. 回来577个	55. 见了568个	56. 不好555个
57. 出去552个	58. 大家551个	59. 只是546个	60. 只是534个
61. 说了523个	62. 不过519个	63. 二爷507个	64. 这些506个
65. 过来488个	66. 凤姐儿477个	67. 宝玉道474个	68. 所以472个
69. 薛姨妈464个	70. 的事461个	71. 也是458个	72. 有一453个
73. 的话451个	74. 紫鹃441个	75. 探春441个	76. 我的441个
77. 一时439个	78. 不能438个	79. 鸳鸯432个	80. 这么426个
81. 如此426个	82. 我也424个	83. 湘云423个	84. 了他420个
85. 说 416个	86. 这一411个	87. 心里411个	88. 又不408个
89. 叫他406个	90. 妹妹401个	91. 婆子397个	92. 贾珍391个
93. 罢了391个	94. 都是386个	95. 见他380个	96. 今日377个
97. 人家374个	98. 李纨368个	99. 银子368个	100. 几个368个

图 2－1 《红楼梦》中出现次数排名前 100 名的词的统计

从图 2－1 的统计结果中，我们可以大体看出《红楼梦》中人物的比重。

小文同学最近在阅读四大名著，在读到《三国演义》时，看到那么多的人物，小文同学很好奇书中的主要人物都出现了几次，他想知道计算机可不可以直接帮他统计出来。

2.4.2 思考探索

词 频

词频分析是对文章中重要词汇出现的次数进行统计与分析，是文本挖掘的重要手段。它是文献计量学中较为传统的、具有代表性的一种内容分析方法，其基本原理是通过词出现频次多少的变化，来确定热点及其变化趋势。

在单篇文章内，词频可以直接看作是某个词出现的次数。但是这样统计词出现的次数有一个明显的弊端——文章的长度对于词出现的次数的影响较大，直接比较同一个词在不同文章中出现的次数显然是不公平的。举个例子：有两篇文章，第 1 篇文章总字数为 5 000 字，“人工智能”出现的次数是 20 次；第 2 篇文章总字数为 2 000 字，“人工智能”出现的次数是 10 次；比较两篇文章中“人工智能”这个词的重要性时，就不能单纯地比较词出现的次数了，还应该考虑两篇文章的总字数。

所以，在比较不同的文章时，用每个词在文章中出现的次数除以这篇文章的总字数，就得到了一个相对公平的评价指标，也就是词频。

总结：

单篇文章：词频＝某个词在文章中出现的次数。

多篇文章比较：词频＝某个词在文章中出现的次数/文章总字数。

本节的内容主要以单篇文章为例。

文章中的句子是由一个个的词组成的，要统计这些词在文章中出现的次数，首先要把组成这些句子的词分割开来，也就是 2.2 节和 2.3 节学过的分词。

2.4.3　实战演练

1. 英文词频统计

我们以一篇简单的英文文章为例，简单介绍如何实现词频统计。文章存放在 book.txt 中。

(1) 用 Counter()函数统计英文单词的词频

① 读取文章内容。

② 替换标点符号(避免统计标点符号的出现次数，将英文标点符号替换为空格)。

③ 分词(因为字母大小写不一样会被认为是两个不同的单词，所以将大写字母全部转换为小写字母)。

④ 利用 Counter()函数统计词频并输出。

Counter()函数包含在 collections 模块中，要用 import 导入模块。

核心代码如下：

```
import collections                        #导入 collections 模块
f = open("book.txt","r+")                 #读取文章内容
text = f.read()
```

```
for i in '.,!?"':                              #替换标点符号
    text = text.replace(i," ")
print(text)
words = text.lower().split()                   #转换大小写字母并分词
print(collections.Counter(words))              #利用 Counter()函数统计词频
```

(2) 用字典实现词频统计

Python 中字典类型包含的键值对正好可以用来存放统计的词频，文章中的每个单词或者词语都是一个关键字，词频就是对应的值。接下来我们修改一下程序，用字典实现词频统计。

核心代码如下：

```
f = open("book1.txt","r+")                 #读取文章内容
text = f.read()
for i in '.,!?"':                          #替换标点符号
    text = text.replace(i," ")
words = text.lower().split()               #转换大小写字母并分词
dic = {}                                   #创建一个字典用于存储词频信息
for word in words:                         #对单词列表进行遍历
    if word not in dic:                    #判断单词是否已经在词频字典中
        dic[word] = 1                      #不在，把该词存入字典，词频加为 1
    else:
        dic[word] = dic[word] + 1          #在，该词的词频加 1
print(dic)
```

2. 用 jieba 库实现中文词频统计

上面介绍的是统计英文单词的词频，那如何对中文进行词频统计呢？

这就要借助于在 2.3 节介绍的 jieba 库了。

下面就以统计《三国演义》中人物出现的次数为例来说明。

核心代码如下：

```
import jieba
txt = open("三国演义.txt",'r',encoding = "utf-8").read()
words = jieba.lcut(txt)                    #jieba 库函数精确分词
count = {}                                 #创建字典
for word in words:
    if len(word) == 1:                     #排除单个字符的分词结果
        continue
    else:
```

```
        count[word] = count.get(word,0) + 1
items = list(count.items())                    #转换成列表
#使用 sort()方法进行排序
items.sort(key = lambda x：x[1],reverse = True)
#输出出现次数最多的前 15 个词语
for i in range(15)：
    word,count = items[i]
    print("{0：<10}{1：>5}".format(word,count))    #用格式控制输出宽度
```

运行结果如下：

```
曹操          939
孔明          831
将军          746
却说          647
玄德          570
丞相          489
关公          484
二人          464
不可          430
荆州          413
孔明曰        384
玄德曰        383
不能          381
如此          375
张飞          349
```

2.4.4 拓展延伸

《三国演义》实例的输出结果并不是很理想。与英文词频统计类似，中文词频统计也需要排除一些与人名无关的词汇，比如“将军”“二人”等，这就需要增加排除词库 excludes。有些词虽然不一样，但是都是指同一个人，比如“诸葛亮”就是“孔明”。这就需要进一步完善代码，然后按照人名出现次数的多少输出结果，将上面的代码优化即可实现这个效果。

核心代码如下：

```
import jieba
#排除一些不是人名、但是出现次数比较多的词语
```

```
excludes = {'将军','却说','二人','不可','荆州','不能','如此',\
            '喊声','于是','今日','主公','百姓','商议','如何',\
            '不敢','魏兵','军士','左右','军马','引兵','次日',\
            '天下','东吴','大喜'}
#打开文件
txt = open("三国演义.txt","r",encoding = "utf-8").read()
#精确模式,把文本精确地切分开,不存在冗余词,返回列表类型
words = jieba.lcut(txt)
#创建一个字典,来表达词语和其出现频率的对应关系
count = {}
#逐一从 words 中取出每一个元素
for word in words:    #合并指代同一个人的不同词语
    if len(word) == 1:    #排除单个字符的分词结果
        continue
    elif word == "诸葛亮" or word == "孔明曰":
        rword = "孔明"
    elif word == "关公" or word == "云长":
        rword = "关羽"
    elif word == "玄德" or word == "玄德曰":
        rword = "刘备"
    elif word == "孟德" or word == "丞相":
        rword = "曹操"
    else:
        rword = word
#使用字典的 get()函数,如果词语在字典里则返回它的键值
#如果词语不在字典里则将其添加到字典里面并返回后面的 0
    count[rword] = count.get(rword,0) + 1
#删除停用词
for word in excludes:
    del count[word]
#排序,变成 list 类型
items = list(count.items())
#对一个列表按照键值对的 2 个元素的第 2 个元素进行排序
#True 从大到小,结果保存在 items 中,第 1 个元素就是出现次数最多的元素
items.sort(key = lambda x: x[1],reverse = True)
#将前 7 个词语以及其出现的次数输出
for i in range(7):
    word,count = items[i]
    print ("{0:<10}{1:>5}".format(word,count))
```

输出结果为：

```
曹操        1435
孔明        1378
刘备        1225
关羽        753
张飞        349
吕布        302
孙权        262
```

2.4.5　本节练习

请你尝试编写代码，统计《红楼梦》中主要人名出现的次数。

项目实践 2　文本情感分析

情景展现

现在智能客服的应用非常普遍，它可以代替人力 24 小时工作，不但能够分析文本背后人的情绪，更能够以类人的情感来回答问题。智能情感客服机器人是怎样读懂文本背后人类情感的？文本情感分析技术起到了至关重要的作用。

思考探索

文本情感分析

文本情感分析（Sentiment Analysis）属于自然语言处理的应用范畴，是从文本中分析、归纳和推理出人们对事物（如产品、人物、事件、服务等）的情感态度倾向。随着互联网社交媒体和电商平台的发展，这项技术在各个领域被广泛应用，具有极高的社会和商业价值。图 2 - 2 为情感分析演示。

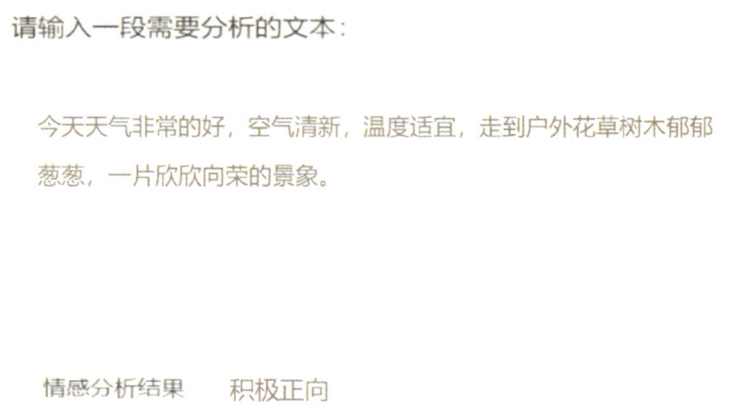

图 2-2　情感分析演示

实战演练

中文文本情感分析器制作

在掌握了文本情感分析的有关知识后，让我们一起来尝试制作一个简单的中文文本情感分析器吧！

制作中文文本情感分析器需要调用 SnowNLP 库，sentiments 返回积极情感概率，返回的值都是小于 1 的小数。小数值越接近 1，代表越积极。

① 分析影评“这部电影非常有趣，演员表演很生动，影厅里笑声不断。”的情感倾向是积极的还是消极的？

核心代码如下：

```
text = input('请输入进行情感分析的中文文本：')
s = SnowNLP(text)                        #将待测文本调入 SnowNLP 库中进行分析
print('情感值为：',s.sentiments)         #调用 sentiments 获取积极情感概率并输出
#判断：情感值高于等于 0.6，输出结果是积极的，否则输出结果是消极的
if s.sentiments ≥0.6:
    print('此文本情感分析的结果是积极的哦')
else:
    print('此文本情感分析的结果是消极的哦')
```

程序运行结果如图 2-3 所示。

② 利用 SnowNLP 和 Matplotlib 生成文章的情感波动散点图。以《我的叔叔于勒》为例，如图 2-4 所示，进行文本情感分析，捕捉文中的情感变化。Matplotlib

图 2－3 程序运行结果

是一个 2D 绘图库，可以生成绘图、条形图、散点图等。

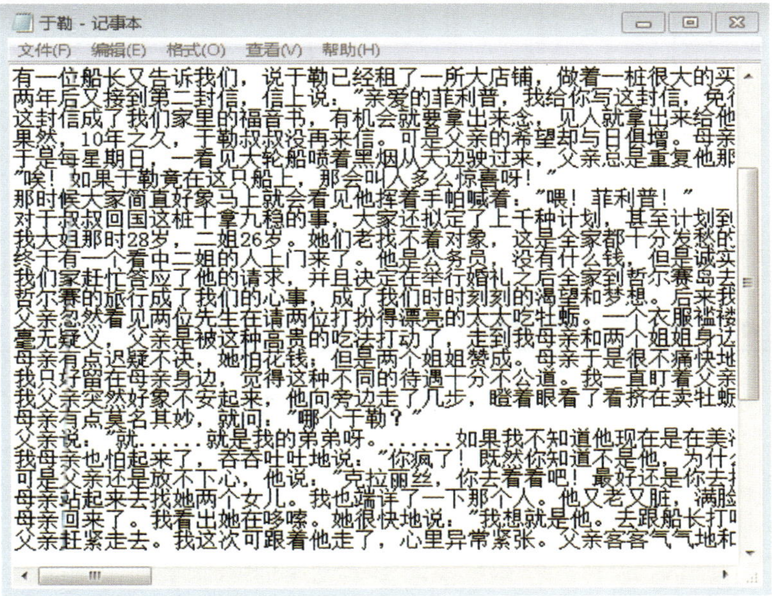

图 2－4 于勒.txt

核心代码如下：

```
from snownlp import SnowNLP                      # 导入 SnowNLP 库
import matplctlib.pyplot as plt
# 导入 matplctlib.pyplot 并取名 plt,提供绘图框架
import numpy as np                               # 导入 numpy 包,并取名 np
with open('于勒.txt','r') as f:                  # 按行读取文件
    text = f.readlines()
    para = [i.rstrip('\n') for i in text]
# 对 para 中的每一段进行情感倾向分析
senti = [SnowNLP(i).sentiments for i in para]
x = np.array(range(len(senti)))                  # 横坐标为段落编号
```

```
y = np.array(senti)                              # 纵坐标为情感分值
plt.plot(x,y,color = 'red',marker = "o")         # 绘制红色散点图
plt.show
```

运行结果如图 2 - 5 所示。

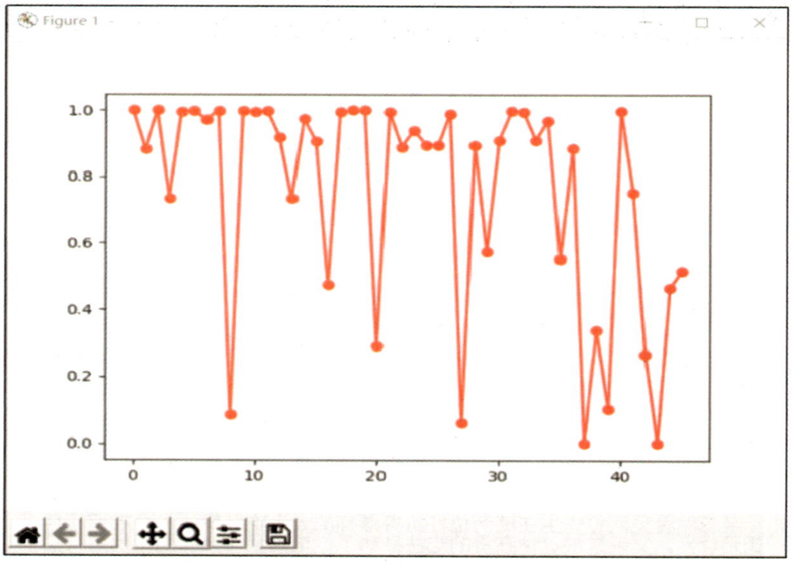

图 2 - 5　散点运行图

拓展延伸

情感分析不但可以读懂文本背后的情感，还可以扫描一个人或一群人，通过运行特定的 APP 来分析人的肢体语言、微表情、语言和行为，从而获得实时反馈，得知目标人群的情感感受，并做出判断。

图 2 - 6　情感机器人 Pepper

情感机器人可以通过传感器捕捉一定范围内人群的表情、动作和声音，分析出人的情感，做出回应，跟人聊天。典型代表是情感机器人 Pepper，如图 2 - 6 所示。

Pepper 是一款人形机器人，由日本软银集团和法国 Aldebaran Robotics 研发，配备表情和声调的情绪分析与语音识别技术，可与人类进行交流。

本节练习

准备你喜欢的一篇小说或一首歌的歌词，试着用文本情感分析器分析作者的情感。比较其与人工分析结果的差别，并思考原因。

项目实践 3　词云制作

情景展现

目前，在很多书籍、海报封面甚至衣服上都印有由文本组成的图案，这些图案会过滤掉大量的文本信息，人只要一眼扫过就可以领会文本的主旨。这可以作为读者选择书籍刊物的参考，还可以用作招聘海报、头像、书籍封面等，增加了观赏性。

这种图案是利用什么制作的呢？大家是不是也想制作这样一个有特色的图案作为 PPT 封面或将其印在自己的 T 恤上呢？图 2－7 所示为词云图案的 T 恤。

图 2－7　词云图案的 T 恤

思考探索

词　云

词云又称文字云，就是将文本中出现频率较高的字词进行视觉上的突出显示。

词云制作属于文本分析处理技术，先要将文章或段落分词，然后自动计算词频。词语字号的大小与词频有关，词频越高，词语的字号就越大。

实战演练

词云制作

① 需要用到 wordcloud 库。

wordcloud. generate(txt)：向 wordcloud 中加载文本 txt。例如：

```
wordcloud.generate("Python and WordCloud")
```

wordcloud. to_image()：将词云输出为图像文件。

② 给文本“love. txt”(见图 2－8)制作矩形词云。

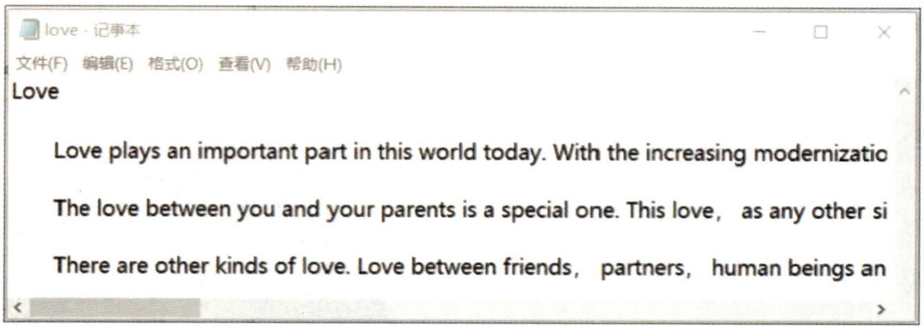

Love

Love plays an important part in this world today. With the increasing modernizatio

The love between you and your parents is a special one. This love, as any other si

There are other kinds of love. Love between friends, partners, human beings an

图 2－8 制作词云的文本“love. txt”

核心代码如下：

```
from wordcloud import WordCloud                  # 调用词云库
import PIL as image        # 调用 PIL(Python Image Library)Python 平台图像处理标准库
with open("love.txt") as fp:                     # 读取文本文件
    text = fp.read()
# 向 wordcloud 中加载文本,将词云背景设置成粉色
wordcloud = WordCloud(background_color = 'pink').generate(text)
ciyun = wordcloud.to_image()                     # 生成词云图片
ciyun.show()                                     # 显示词云
```

运行结果如图 2－9 所示。

③ 给文本“love. txt”制作苹果形词云。

核心代码如下：

```
from wordcloud import WordCloud
import PIL.Image as image
import numpy as np
with open("love.txt") as fp:
```

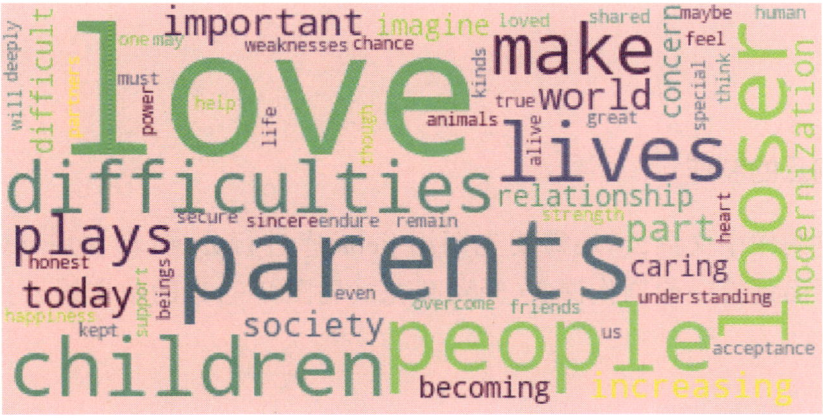

图 2-9　矩形词云

```
    text = fp.read()
    lunkuo = np.array(image.open("pg.png"))    #打开苹果形图片作为遮罩层
#加载苹果形做遮罩层,背景白色,加载文本到 wordcloud
    wordcloud = WordCloud(
        mask = lunkuo,
        background_color = 'white'
        ).generate(text)
    ciyun = wordcloud.to_image()
    ciyun.show()
    ciyun.save("ciyun.jpg")
```

运行结果如图 2-10 所示。

图 2-10　苹果形词云

拓展延伸

中文词云的制作

如果要制作中文词云，还需要先调用 jieba 库进行分词，再利用 wordcloud 生成词云。下面试着一起制作课文《驿路梨花》(见图 2－11)的中文词云。

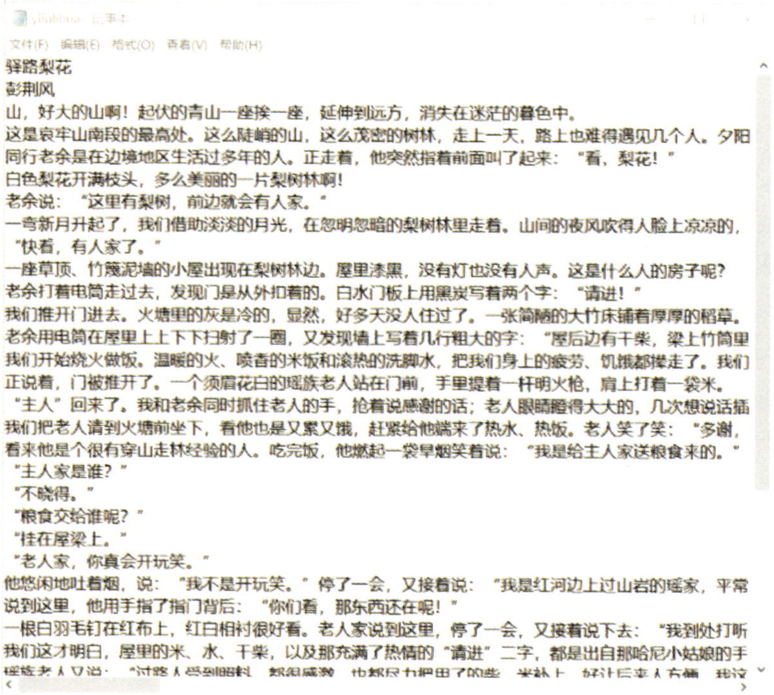

图 2－11　制作词云的文本"yilulihua. txt"

核心代码如下：

```
from wordcloud import WordCloud
import PIL.Image as image
import numpy as np
import jieba
def trans_CN(text):                          #分词
    word_list = jieba.cut(text)              #接收分词的字符串
    result = " ".join(word_list)             #分词后在单独个体之间加上空格
    return result
with open("yilulihua.txt") as fp:
    text = fp.read()                         #将读取的中文文档进行分词
```

```
text = trans_CN(text)
lunkuo = np.array(image.open("love.jpg"))
wordcloud = WordCloud(
    mask = lunkuo,
        font_path = "C:\Windows\Fonts\SIMLI.TTF",      #生成中文隶书
        background_color = 'white'
        ).generate(text)
ciyun = wordcloud.to_image()
ciyun.show()
```

运行结果如图 2 - 12 所示。

图 2 - 12　运行结果

本节练习

选一篇你喜欢的课文或小说，制作形状词云。

第 3 章　自动翻译机

随着人工智能技术的快速发展，机器翻译开始走进我们的生活，成为不同语种的人们交流沟通的法宝。本章我们将一起探索机器翻译的秘密，打造一款私人翻译机。

3.1　机器翻译的世界

3.1.1　情景展现

情境 1：双语主持

学校举办英语风采大赛，小智同学将担任双语主持人。如果你是小智你会如何准备双语主持词（见图 3－1）？先准备中文主持词，自己逐字逐句翻译成英文，还是有别的办法？

图 3－1　准备双语主持词

情境 2：外文包装

近年来，网络购物已成为日常消费的重要途径，越来越多的人开始尝试网购进口商品。小智同学也赶在“双十一”买了一堆进口零食（见图 3－2），他想看一下包装说明，可是上面的一些文字他看不懂。包装说明不仅仅有英文的，上面的文字还有可能是日文、韩文、俄文、德文。该怎么办呢？

以上情境，我们能否借助机器翻译技术实现一键翻译呢？

图 3－2　进口零食

3.1.2　思考探索

机器翻译

机器翻译(Machine Translation)，又被称为自动翻译，是利用计算机把一种自然源语言转变为另一种自然目标语言的过程，一般是指自然语言之间的句子和全文的翻译。机器翻译是自然语言处理的一个分支，与计算语言学和自然语言理解之间存在着密不可分的关系。

机器翻译涵盖人工智能、数学、语言学、计算语言学、语音识别及语音合成等多种学科及技术，是一个复杂、庞大、意义重大的系统工程。

从 1949 年翻译备忘录被发表到现在，已经过了 70 多年。这期间，机器翻译经历了多个不同的发展阶段，如图 3－3 所示，也涌现出了很多方法。总结起来主要有 3 类：一开始是基于规则的方法，然后发展为基于统计的方法，一直到最近几年才出现基于神经网络的方法。

基于规则的翻译(见图 3－4)，翻译知识来自人类专家。一个词被翻译成另外一个词，一个成分被翻译成另外一个成分，它们在句子中出现在什么位置，都用一定的规则表示出来，而这些规则由专业的人类语言学专家来书写。这种方法的优点是直接用语言学专家的知识，准确率非常高；缺点是成本很高。比如说要开发中文和英文的翻译系统，需要找同时会中文和英文的语言学专家；要开发另外一种语言的翻译系统，就要再找懂另外一种语言的语言学专家。因此，基于规则的翻译系统开发周期很长、成本很高。

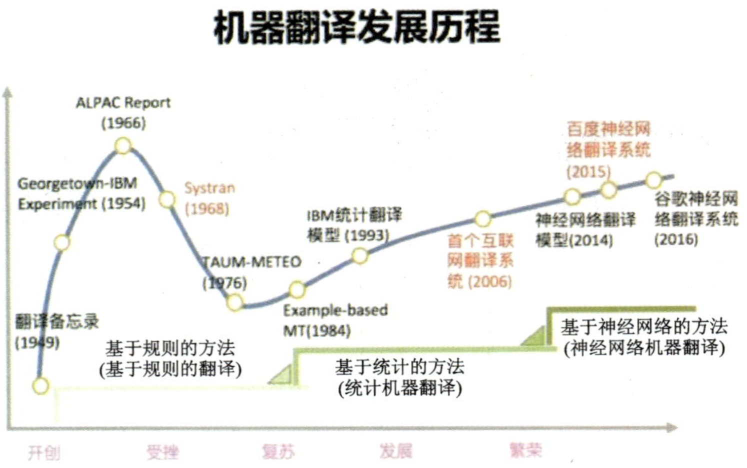

图 3-3　机器翻译发展历程

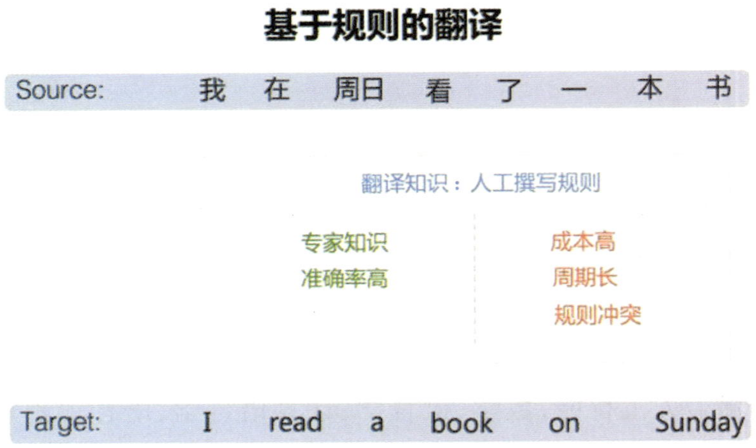

图 3-4　基于规则的翻译

20 世纪 90 年代出现了基于统计的方法，我们称之为统计机器翻译（见图 3-5）。统计机器翻译系统对机器翻译进行了一个数学建模，一旦这个模型建立起来，对所有的语言都可以适用。统计机器翻译是一种基于语料库的方法，在大数据的基础上进行训练，与语言无关，因此成本很低。但若是数据量比较少，就会面临数据稀疏问题。此外，该方法的翻译知识来自大数据自动训练，如何加入专家知识，保证翻译的准确性、权威性，也是统计机器翻译所面临的巨大挑战。

近年来，随着深度学习技术的发展，神经网络机器翻译（见图 3-6）迅速崛起。相比统计机器翻译而言，从模型上来说，神经网络机器翻译相对简单，它主要包含

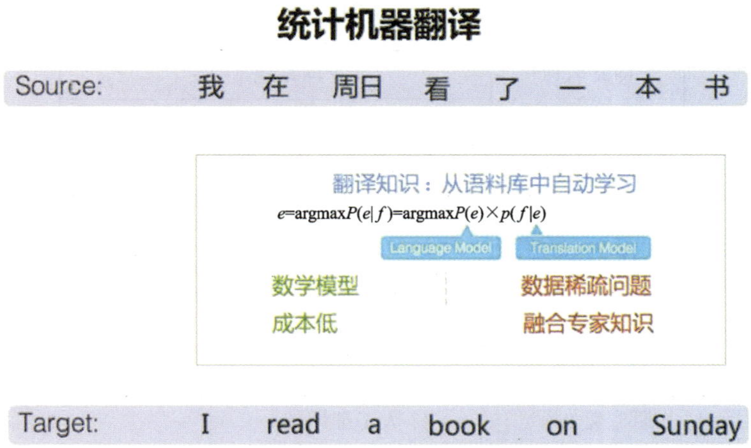

图 3－5　统计机器翻译

两个部分：编码器与解码器。编码器是把源语言经过一系列的神经网络的变换之后，表示成一个高维的向量。解码器则负责把这个高维向量再重新解码（翻译）成目标语言。

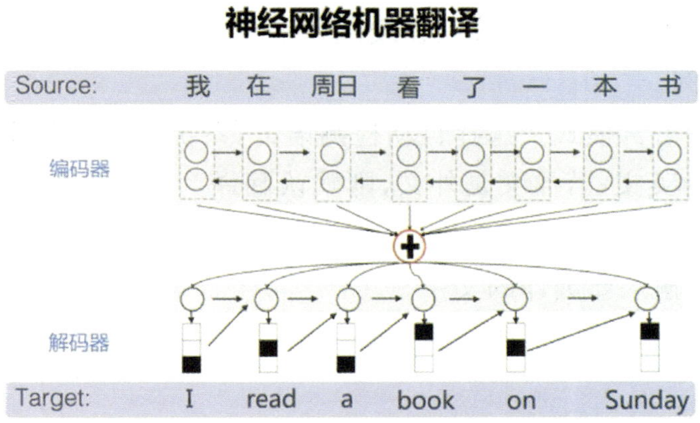

图 3－6　神经网络机器翻译

3.1.3　实战演练

1. 机器翻译调查

目前，网络上有有道、百度、谷歌、必应等在线翻译平台。你可以登录各大在线翻译平台网站（见表 3－1）体验一下，对比人工翻译和机器翻译结果，完成在线翻译体验表（见表 3－2）。

表 3-1 在线翻译平台网站

网站名称	网站地址
有道翻译	https://fanyi. youdao. com
百度翻译	https://fanyi. baidu. com
谷歌翻译	https://translate. google. cn
必应翻译	https://cn. bing. com/translator

表 3-2 在线翻译体验表

在线翻译平台	原　文	人工翻译	机器翻译
有道翻译	你会弹吉他吗?	Can you play the guitar?	Can you play the guitar?

① 打开浏览器,在地址栏输入在线翻译平台网址,以有道翻译(http://fanyi. youdao. com)为例。

② 选择翻译语言模式。选择自动检测语言,系统自动检测原文。若原文是中文,则默认翻译为英文;若原文是外文,则默认翻译为中文。使用者可以根据实际需要选择匹配的模式。

③ 在录入框输入要翻译的文字。

④ 查看译文,如图 3-7 所示。

图 3-7 翻译结果

⑤ 多登录几个翻译平台网站(例如百度翻译、谷歌翻译、必应翻译)试试吧,并填写在线翻译体验表。

2. 同声传译体验

很多翻译软件都已经拥有同声传译功能,如"有道同传"(下载地址: https://tongchuan.youdao.com/?keyfrom=fanyi_web_tab),你可以下载相应软件进行体验。在建有人工智能实验室的学校,学生可前往实验室,利用科大讯飞软件体验同声传译。

3.1.4　拓展延伸

机器翻译相较于人工翻译来说,优势非常明显,它既高速又低成本。将一份文稿导入翻译软件或在线翻译系统中,很快就能获得一份译文。如今,机器翻译产品种类繁多。有应用广泛、免费的在线翻译系统,如谷歌翻译;有低成本的便携式手机应用,如苹果 iTranslate;也有比较昂贵的、可定制的专业软件程序包,如 SDL 的 Trados Studio。机器翻译在如今的翻译领域扮演着重要角色,随着技术的完善,在未来,机器翻译能取代人工翻译吗?

3.1.5　本节练习

机器翻译属于下列哪个领域的应用(　　)。

A. 自然语言系统

B. 机器学习

C. 专家系统

D. 人类感官模拟

答案:A。

3.2　我的自动翻译机

3.2.1　情景展现

2015 年 7 月 19 日,第 19 届 RoboCup 机器人世界杯赛在合肥盛大开幕。在活动开幕式上，演讲台上出现了一个憨态可掬的机器人"飞飞"(见图 3-8)。它可不只是个摆设，在领导致辞的同时，机器人"飞飞"在一边同步进行中译英和英译中双向翻译。它准确的翻译、标准的发音、灵活的肢体动作引起现场观众阵阵惊叹。

图 3-8　同声传译机器人"飞飞"

随着全球互联互通(见图 3-9)日益频繁，机器翻译(见图 3-10)需求越来越大，加之深度学习技术的发展，机器翻译技术得到了大力发展，有了质的飞跃。神经网络机器翻译技术在 2014 年 9 月被提出，2015 年 5 月百度上线首个互联网神经网络机器翻译系统。次年，谷歌、微软等公司也相继发布神经网络机器翻译系统。目前，神经网络机器翻译系统在大部分的语言翻译上已经超过了基于统计的方法，机器翻译已经发展到端到端的神经网络机器翻译，它将成为未来主流的机器翻译法。

图 3-9　全球互联互通

图 3-10　机器翻译

3.2.2 思考探索

神经网络机器翻译原理

神经网络机器翻译系统克服了传统方法中将句子分割为不同片段进行翻译的缺点。该系统使用深度学习来分析大量的人工翻译，通过分析这个庞大的数据集，它可以解释整个句子，理解上下文和不同的变化，并利用语言的精妙之处，最终使得机器翻译结果更流畅自然。

以谷歌神经网络机器翻译系统为例，我们一起来看看神经网络机器翻译系统是怎样将“知识就是力量”翻译为英文的。

系统首先将该汉语句子的词编码成一个向量列表，如图 3-11 所示，其中每个向量都表征了到目前为止所有被读取到的词的含义。

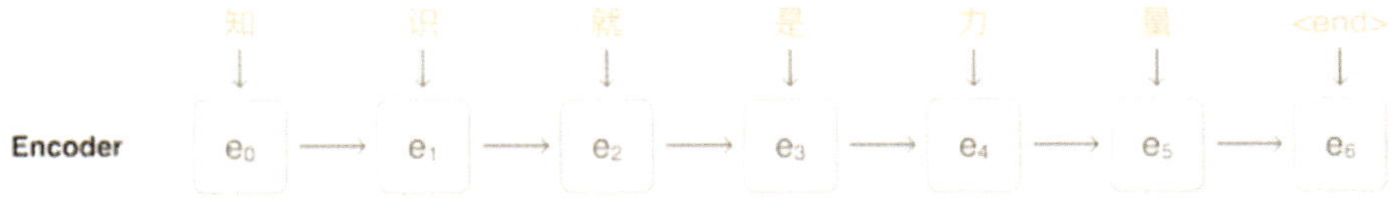

图 3-11 编码过程

一旦读取完整的句子，解码器就开始工作，一次生成英语句子的一个词，如图 3-12～图 3-16 所示。

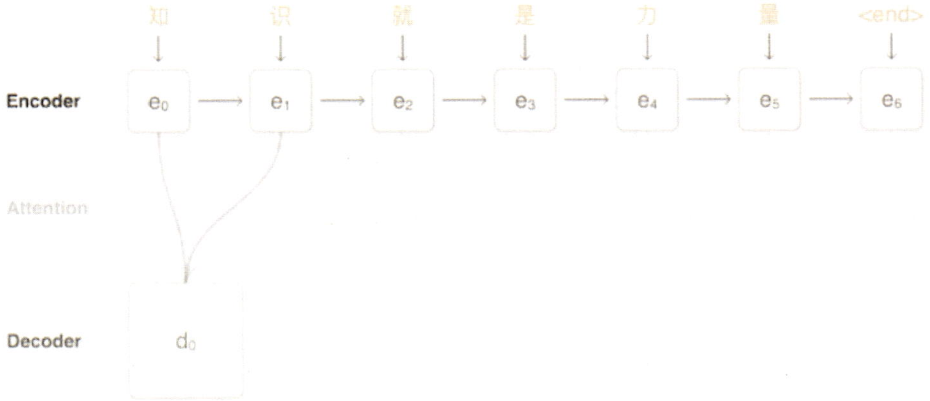

图 3-12 解码过程(1)

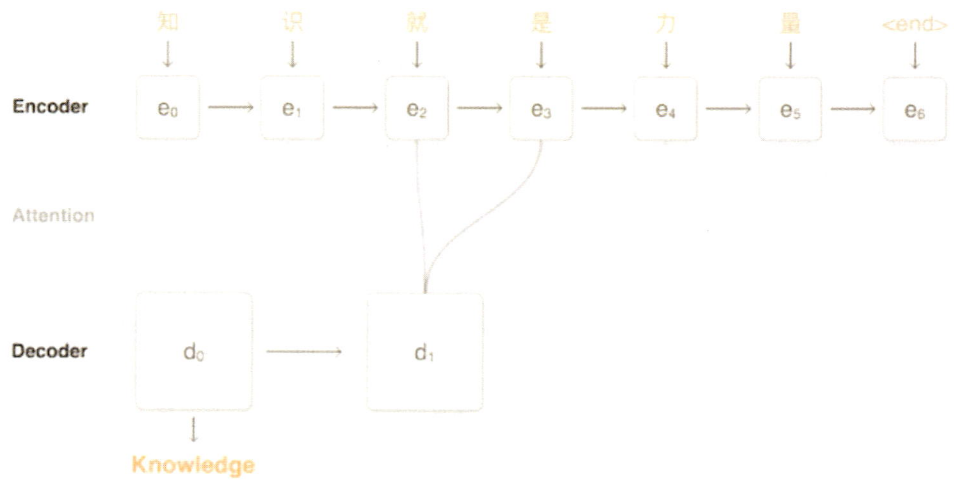

图 3 - 13　解码过程(2)

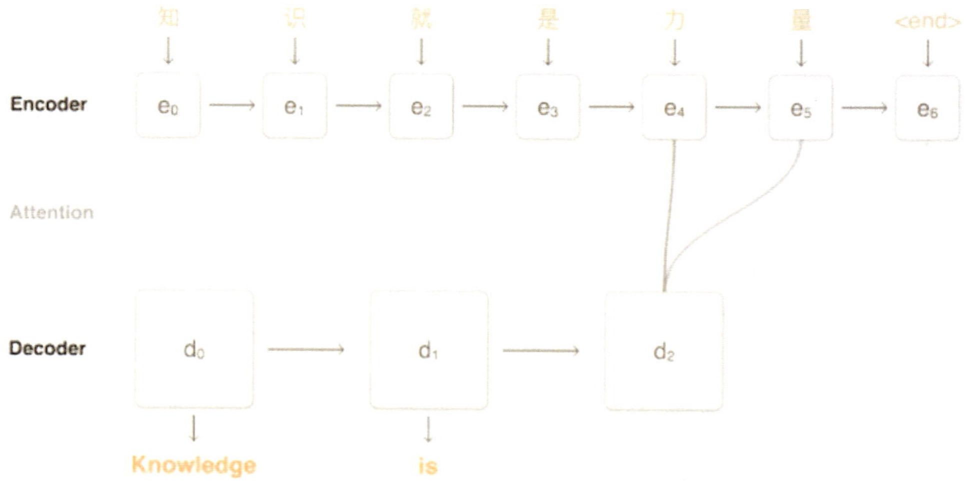

图 3 - 14　解码过程(3)

为了在每一步都生成翻译正确的词,解码器重点注意了与生成英语词最相关编码的中文向量的权重分布,连线的透明度表示解码器对一个被编码的词的注意程度。

相比基于规则和统计的系统,神经网络机器翻译系统中神经网络的结构使系统更自适应,能处理更多更复杂的模型。它也可以根据经验自我学习。如果它提供了不正确的输出,它能从错误中吸取教训,并做出调整,以便下次更有效地执行任务。

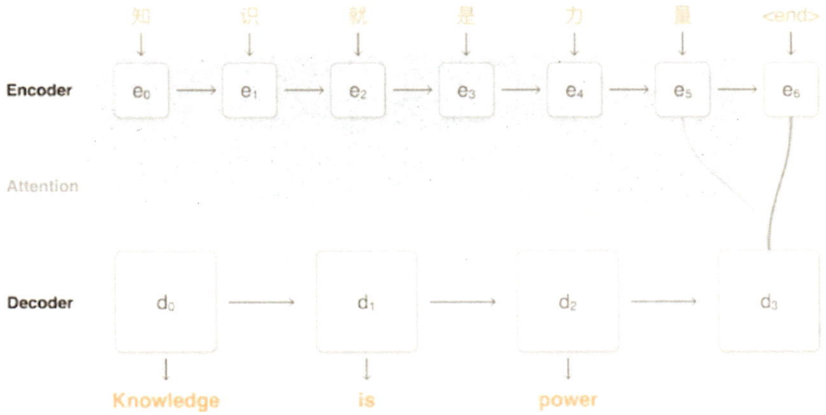

图 3－15　解码过程(4)

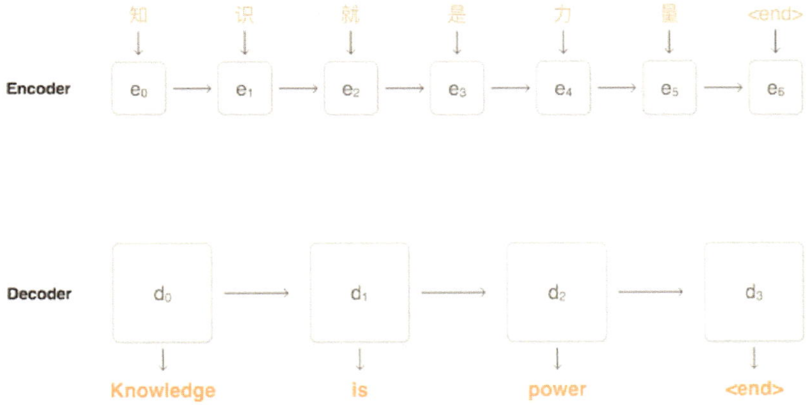

图 3－16　解码完成

3.2.3　实战演练

私人翻译机

在掌握了机器翻译的有关知识后，你是否想尝试一下自己编写代码，打造私人自动翻译机呢？

(1) 配置环境，安装 googletrans 模块

googletrans 是一个免费且无限制的 Python 库，可实现 Google Translate API。Google Translate 交互式 API 可以用来调用诸如自动侦测语言种类和翻译之类的用途，具有快速可靠批量翻译的特点。

快速安装 googletrans 模块，如图 3－17 所示。

图 3－17　安装 googletrans 模块

(2) translate()函数

将文本由源语言翻译为目标语言，将用到 translate()函数。

语法格式如下：

```
translate(text,src='源文本语言',dest='转换后的语言')
```

其中：text(字符串序列)为要翻译的源文本；src 为源文本的语言，auto 将自动识别；dest 为将源文本转换后的语言。

目前，googletrans 可翻译 105 种语言，见表 3－3 所列。

表 3－3　googletrans 可翻译的语言种类(部分)

序　号	语言种类	英　文	简　称
1	中文(简体字)	Chinese (simplified)	zh-cn
2	中文(繁体字)	Chinese (traditional)	zh-TW
3	英语	English	en
4	日语	Japanese	ja
5	韩语	Korean	ko
6	西班牙语	Spanish	es
7	阿拉伯语	Arabic	ar
8	俄罗斯语	Russina	ru
9	意大利语	Italian	it
10	葡萄牙语	Portuguese	pt

(3) 语句翻译——将“我爱中国”翻译为多国语言

核心代码如下：

```
#创建 Translator 实例
translator = Translator(service_urls = ['translate.google.cn'])
#输入原文“我爱中国”
source = input('请输入中文：')
print("中文：",source)
```

```
#中译英
text = translator.translate(source,src = 'zh-cn',dest = 'en').text
print("英语：",text)
#中译日
text = translator.translate(source,src = 'zh-cn',dest = 'ja').text
print("日语：",text)
#中译韩
text = translator.translate(source,src = 'zh-cn',dest = 'ko').text
print("韩语：",text)
#中译法
text = translator.translate(source,src = 'zh-cn',dest = 'fr').text
print("法语：",text)
#中译西
text = translator.translate(source,src = 'zh-cn',dest = 'es').text
print("西语：",text)
#中译俄
text = translator.translate(source,src = 'zh-cn',dest = 'ru').text
print("俄语：",text)
#中译阿
text = translator.translate(source,src = 'zh-cn',dest = 'ar').text
print("阿语：",text)
```

运行结果如图 3－18 所示。

(4) 文本翻译——翻译文本“《乡愁》.txt”(见图 3－19)

图 3－18　“我爱中国”译文

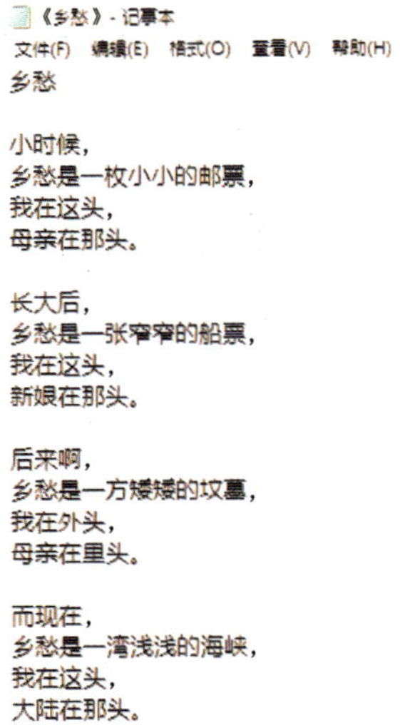

图 3－19　《乡愁》.txt

核心代码如下：

```
translator = Translator(service_urls = ['translate.google.cn'])
#将《乡愁》翻译为英文并打印
f = open('《乡愁》.txt','r')
source = f.read()
f.close()
text = translator.translate(source,src = 'zh - cn',dest = 'en').text
 print("《乡愁》英文版：")
print(text)
#将译文保存至“《乡愁》英文版.txt”
f = open('《乡愁》英文版.txt','w')
f.write(text)
f.close()
```

保存运行结果后的《乡愁》英文版文档如图 3 - 20 所示。

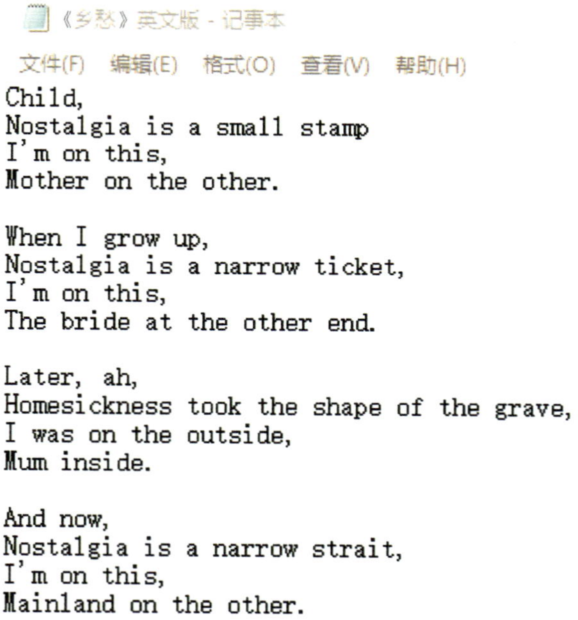

Child,
Nostalgia is a small stamp
I'm on this,
Mother on the other.

When I grow up,
Nostalgia is a narrow ticket,
I'm on this,
The bride at the other end.

Later, ah,
Homesickness took the shape of the grave,
I was on the outside,
Mum inside.

And now,
Nostalgia is a narrow strait,
I'm on this,
Mainland on the other.

图 3 - 20 《乡愁》英文版.txt

3.2.4 拓展延伸

1. 人机共存

在记忆、存储、计算等方面，人类都可能不再是机器的对手，但人工智能机器也有自身的弱点——有智能没智慧。如果机器翻译和人工翻译形成一个共同体，取长补短，相互增强，那么翻译就会更加精准。正是基于这种想法，未来的机器翻译将可能与人工翻译形成互补共同体。这将从两方面来展开：一方面，给机器增加一点人类的智慧；另一方面，给人类增加一点机器的能力。人机共存是人类与智能机器未来存在的理想状态，未来的机器翻译应该在这方面加强研究。

2. 类脑机器翻译

人类最有智慧的器官是大脑，因此，研究人类大脑的结构、模仿人类大脑的功能是机器翻译研究的重要工作。然而，由于人脑结构及其功能的复杂性，几千年来，人类大脑的结构和功能之谜仍然没有完全被解开，更不要说仿造人类大脑了。未来的机器如果要赶上或超越人类智慧，就必须解开大脑之谜，并让机器能够像人类大脑一样进行思维和创新。虽然目前芯片尺寸越来越微小、功能越来越强大，人工神经网络也越来越接近人类大脑，但目前的处理器与大脑还相距甚远。今后，若想在机器翻译的研究方面取得突破，就必须在类脑计算和类脑智能上有重大突破。

3.2.5　本节练习

① 试一试将《乡愁》翻译为更多的语言，比如法文、日文、韩文。
② 选择一首诗歌，将其翻译成你喜欢的语言。

第 4 章　语音识别与人机交互

人类通过耳朵获取周围的声音、辨别声音的信息、感受声音的美妙,同时又通过嘴巴发出声音,让同伴听见我们的声音。语音作为人类日常交流的主要方式,具有方便、直接的特点。简单的一句话就可以描述一系列复杂的操作,或者一个复杂的概念,这就是自然语言的优势所在。基于语音识别的人机交互模式,给我们的生活带来了很大的改变和进步。

机器是怎样"听懂"人类语言并和我们进行互动的呢?在本章中,我们将揭开语音识别和人机交互的面纱。

4.1　计算机中的声音

4.1.1　情景展现

敲锣打鼓、说话唱歌、蚊虫飞舞、泉水叮咚……我们能够聆听各种各样的声音(见图 4－1)。

图 4－1　各种各样的声音

思考: 声音是如何产生的?

4.1.2　思考探索

1. 人类的听觉

声音是由物体振动产生的，通过空气或者其他介质传播被人耳所感知。

外界声波进入外耳道，引起鼓膜振动；振动通过听小骨传到内耳，刺激耳蜗内的听觉感受器产生神经冲动；神经冲动通过与听觉有关的神经传递到大脑皮层的听觉中枢，就形成了听觉。图 4－2 为听觉的形成。

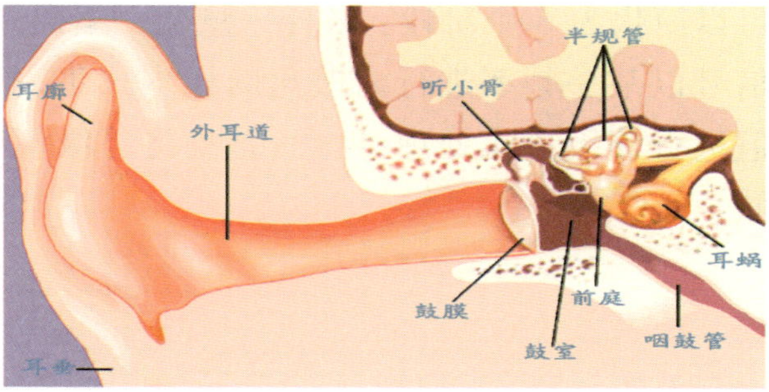

图 4－2　听觉的形成

值得注意的是，鼓膜的振动频率与声波频率一致，振幅决定于声波强度。声波的振动频率、振幅、音色不同，我们就听到了不同的声音。

2. 计算机的听觉

与人类听觉类似，计算机听觉是将声波的振动转化为电信号。对于计算机来说，话筒就是它的耳朵。当话筒接收到声波时，话筒上面的传感器可以将声波振动转化为电信号，如图 4－3 所示。

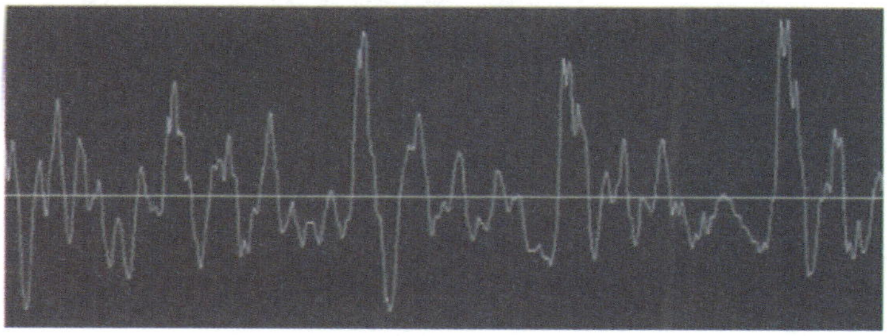

图 4－3　声波振动转化为电信号

电信号的波动是一个连续的过程，而计算机很难存储连续的值。因此，计算机需要在时间上对电信号进行离散化，然后对电信号的数值进行量化，从而将连续变化的电信号转化为一个个离散的点。对这些离散的点进行编码之后，就可以将它存储在计算机中。计算机存储声音的过程如图 4－4 所示。

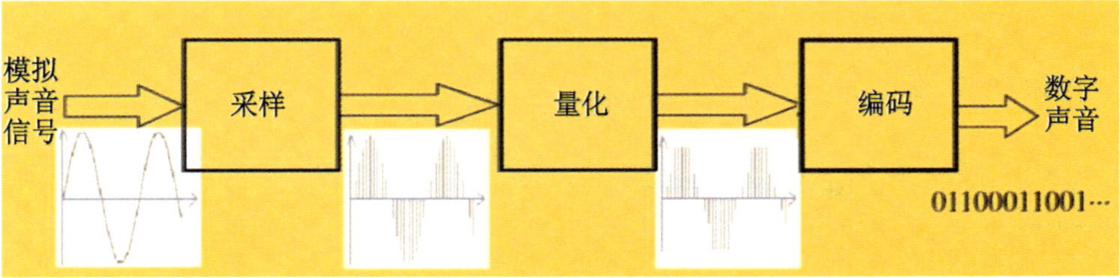

图 4－4　计算机存储声音的过程

整个存储过程可以简化为 3 个阶段：采样—量化—编码。采样，是指将话筒转化过来的模拟电信号以某一频率进行离散化的样本采集；量化，是指将采集到的样本电压或电流值进行等级量化处理；编码，是指将等级值变换为对应的二进制表示值并进行存储。

4.1.3　实战演练

1. 利用商汤教育平台实现声音的可视化

利用商汤教育平台提供的函数，录制一段声音，并将其可视化展示。进入平台实验 8－1 声音的特性与存储。

(1) 录制声音

① 单击右上角的“用户名”，在下拉菜单中选择“我的文件夹”选项，如图 4－5 所示。

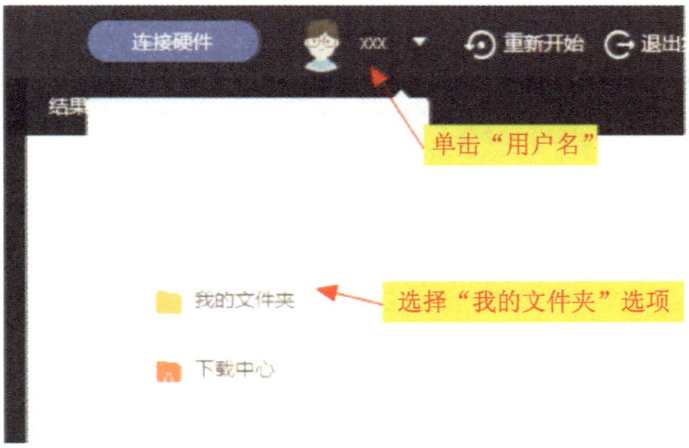

图 4－5　选择“我的文件夹”选项

② 单击“上传”按钮，选择“录音”选项，如图 4－6 所示。

图 4－6　选择文件来源

③ 单击“开始”按钮开始录音，单击“结束”按钮停止录音，将文件命名（建议使用英文命名）后单击“上传”按钮保存文件，如图 4－7 所示。

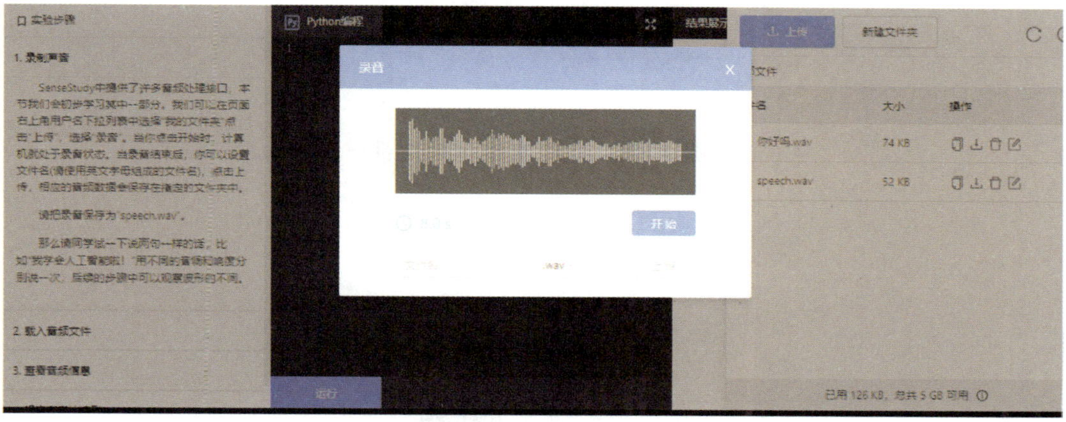

图 4－7　录制声音并保存

④ 除了录制声音外，你也可以选择本地已有的音频文件。选择“文件”或“文件夹”选项进入本地文件列表，选择需要上传的音频文件即可，如图 4－8 所示。

(2) 载入音频文件

复制音频文件路径，如图 4－9 所示，并写入代码（见图 4－10）如下：

```
url = "http://sensestudy-server/api/resource/public/accountstorage-objs/9f07a349-5afb-41a5-b876-6bb74db8b11d/speech.wav"
my_audio = load_audio(url)
```

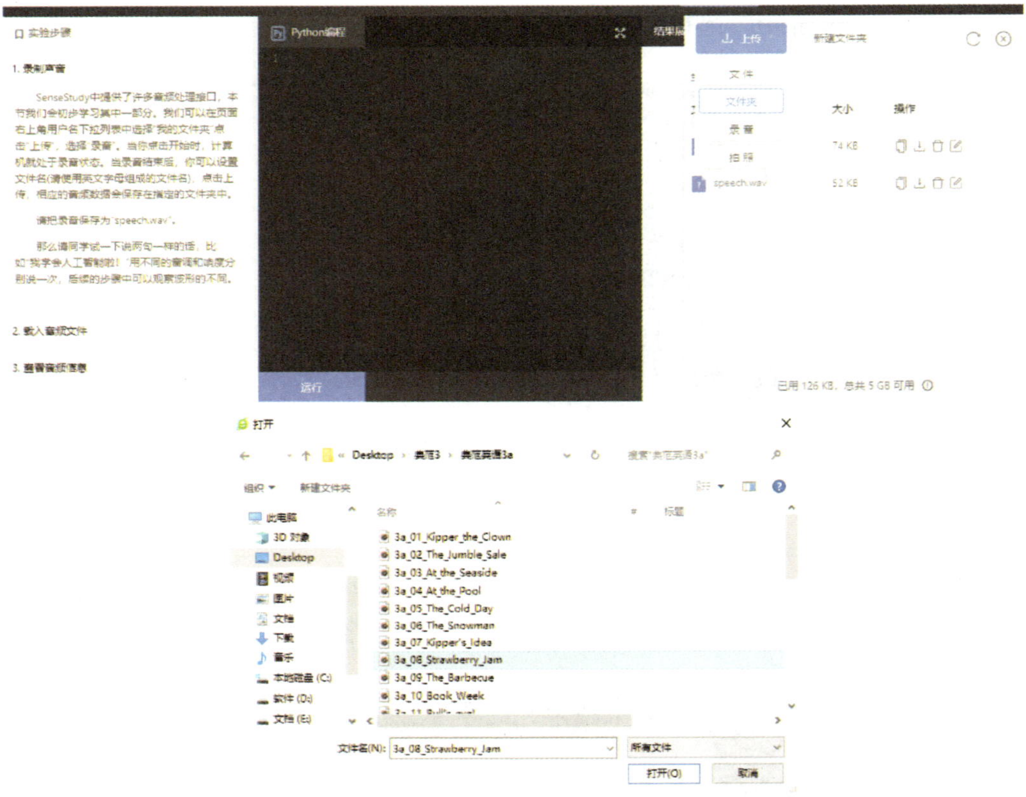

图 4-8　上传本地音频文件

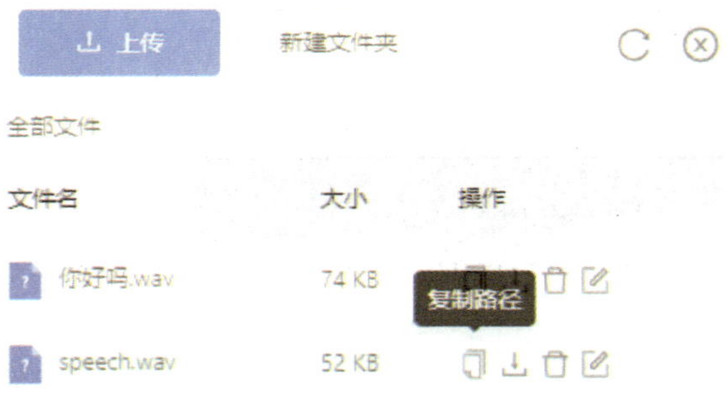

图 4-9　复制音频文件路径

(3) 查看音频信息

利用商汤教育平台的函数，获取音频采样宽度、通道数、帧率信息，如图 4-11 所示。

代码如下：

```
url = "http://sensestudy-server/api/resource/public/accountstorage-objs/9f07a349-5afb-41a5-b876-6bb74db8b11d/speech.wav"
my_audio = load_audio(url)
```

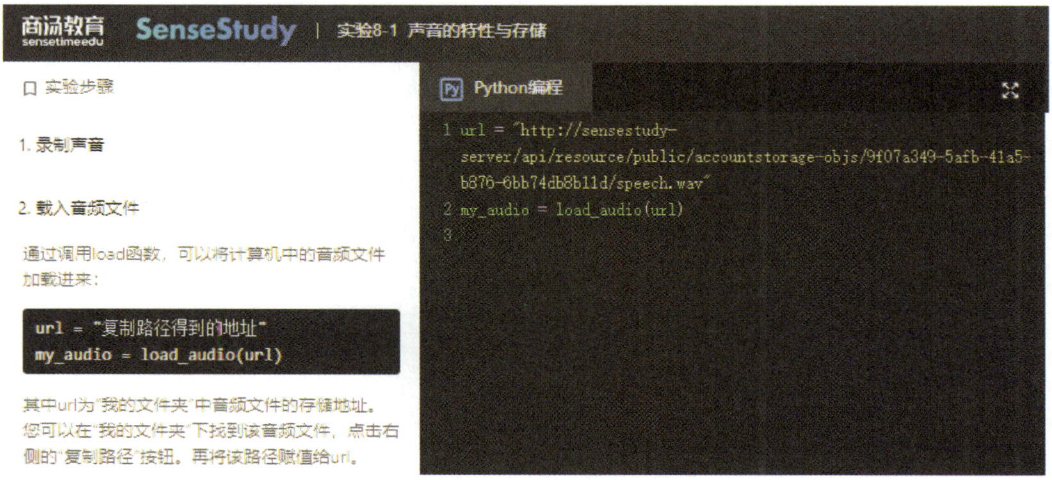

图 4－10　载入音频文件

图 4－11　获取音频采样宽度、通道数、帧率信息

```

print(my_audio.sample_width)
print(my_audio.channels)
print(my_audio.frame_rate)
```

(4) 观察声音的波形

将音频函数可视化，绘制声音波形图，如图 4－12 所示。

代码如下：

```
url = "http://sensestudy - server/api/resource/public/accountstorage - objs/9f07a349 - 5afb - 41a5 - b876 - 6bb74db8b11d/speech.wav"
my_audio = load_audio(url)

print(my_audio.sample_width)
print(my_audio.channels)
```

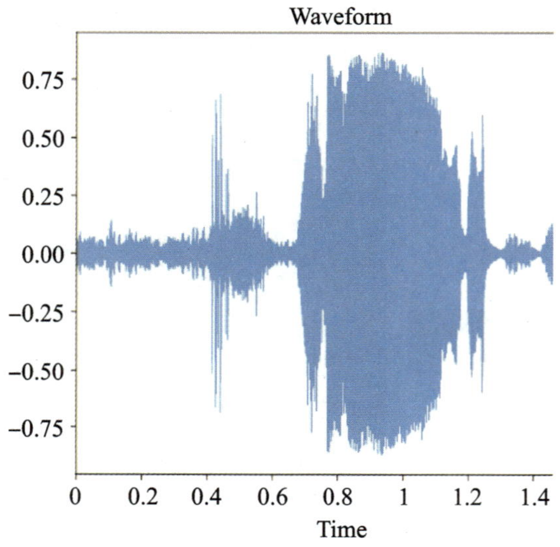

图 4－12　绘制声音波形图

```
print(my_audio.frame_rate)

fig() + audio(url,"wave")
```

2. 利用 Python 内置库 wave、第三方库 matplotlib 等展示计算机中的声音

(1) 声音数字化

1) 项目描述

使用 Python 内置库 wave，以只读方式打开音频(.wav)文件。通过 getnchannels()、getsampwidth()、getframerate()、getnframes()等方法获取通道数、采样字节数(量化位数)、采样频率、采样点数并打印每帧数据。

2) 核心代码

核心代码如下：

```
#打开音频文件"hello.wav"
wf = wave.open("hello.wav",'rb')
#获取该音频的通道数、采样字节数、采样频率、采样点数并打印
numchannels = wf.getnchannels()
samplewidth = wf.getsampwidth()
framerate = wf.getframerate()
numframes = wf.getnframes()
```

```
print("通道数：",numchannels)
print("量化位数：",samplewidth)
print("采样频率：",framerate)
print("采样点数：",numframes)
#依次读取前 10 帧数据并打印
for i in range(10):
    data = wf.readframes(i)
    print(data)
```

(2) 绘制声音波形图

1）配置环境

安装相关模块：读取音频的模块 wave（Python 内置库）、处理数据的模块 numpy、画图模块 matplotlib。安装指令如下：

```
pip install numpy
pip install matplotlib
```

2）核心代码

核心代码如下：

```
#读取音频文件"0.wav"
a = wave.open('0.wav')
#读取音频数据
nf = a.getnframes()
data = a.readframes(nf)
w = np.fromstring(data,dtype = np.int16)
w = w * 1.0/(max(abs(w)))
#绘制波形图
plt.plot(w,c = 'g')
plt.savefig('0.png')
plt.show()
```

试运行一下程序，绘制音频“0.wav”的声音波形图，如图 4－13 所示。

(3) 音频解码

解码音频并播放。

1）配置环境

音频文件的播放需要用到 pyaudio 库。第三方库 pyaudio 的安装指令如下：

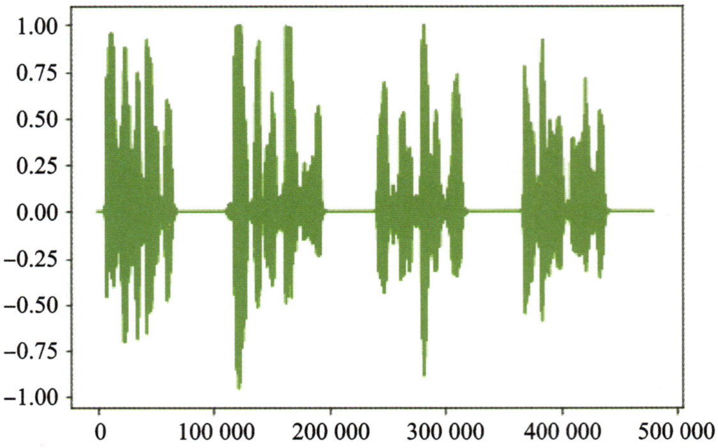

图 4 - 13　绘制声音波形图

```
pip install pyaudio
```

使用 open()方法获取采样值、声道数、采样率等数据，设定每次读取的帧数，将数据流依次写入声卡进行播放。

2）核心代码

核心代码如下：

```
#以只读方式打开音频文件“hello.wav”
wf = wave.open("hello.wav",'rb')
#PyAudio 实例化
p = PyAudio()
#定义每次读取的帧数
chunk = 10
#打开声音输出流
stream = p.open(format = p.get_format_from_width(wf.getsampwidth()),channels =
wf.getnchannels(),rate = wf.getframerate(),output = True)
#写声音输出流到声卡进行播放
data = wf.readframes(chunk)
while True:
    if data == b'':
        break
    stream.write(data)                #将帧写入数据流对象中,以此播放之
    data = wf.readframes(chunk)       #继续读取后面的帧
wf.close()
```

4.1.4　拓展延伸

语谱图

针对语音数据的频谱分析视图叫语谱图。语谱图的横坐标轴表示时间，纵坐标轴表示频率，坐标点值表示语音数据能量。因为是采用二维平面表达三维信息，所以能量值的大小是通过颜色来表示的，颜色越深，表示该点的语音能量越强。语谱图中显示出大量与语音的语句特性有关的信息，它综合了频谱图和时域波形的特点，明显地显示出语音频谱随时间的变化情况。

图 4－14 是某人说的“hello”的语谱图，在图中可以看到一条条明显的横方向的条纹，我们称之为“声纹”。图中出现条纹的地方实际上是颜色深的点聚集的地方。随时间延续，颜色深的点聚集的地方就延长成条纹，也就是表示语音中频率值为该点纵坐标值的能量较强，在整个语音中所占比重大，那么相应地影响人感知的效果就要强烈得多。

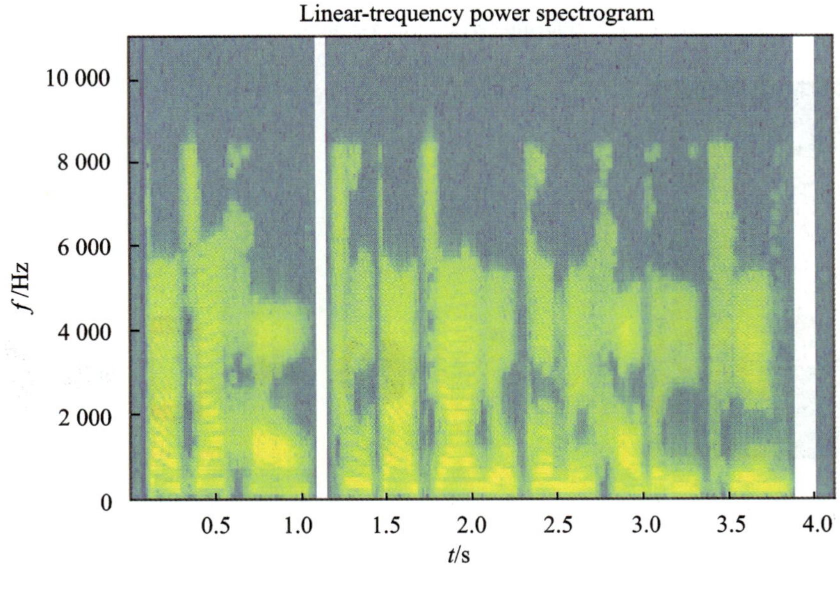

图 4－14　“hello”的语谱图

4.1.5　本节练习

① 将图 4－15 中声音数字化的过程补充完整。

② 用麦克风录制一个音频文件，并将其保存到计算机上（wave 格式），修改代

图 4-15　声音数字化的过程

码,输出自己录制音频的波形图。

答案:量化、编码。

4.2　语音识别初体验

4.2.1　情景展现

小智今天听到一首好听的歌,他想知道这是什么歌,却又不知道该如何搜索。好朋友告诉他可以打开微信"摇一摇",或者打开音乐类应用程序,单击"听歌识曲"(见图 4-16),就能找到自己喜欢的歌。

神奇的"听歌识曲"应用的原理如图 4-17 所示。

图 4-16　听歌识曲

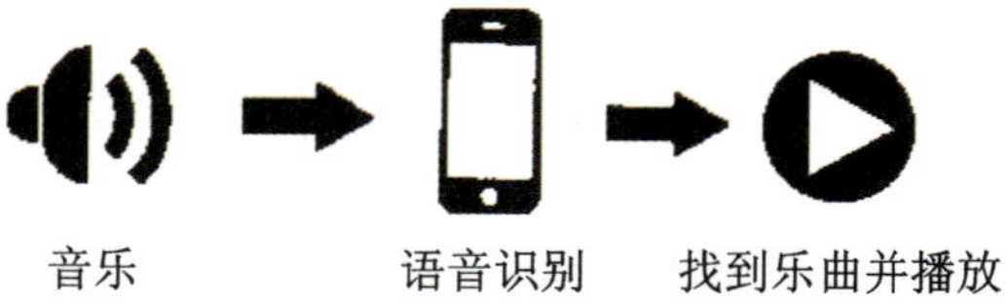

图 4-17　"听歌识曲"的原理

4.2.2　思考探索

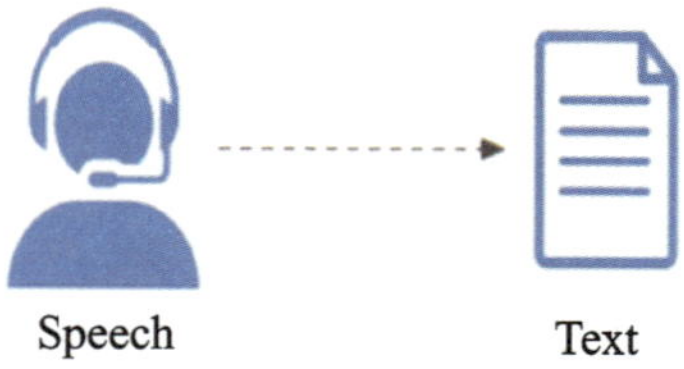

图 4-18　语音识别的本质——语音转文本

语音识别技术(Speech Recognition Technology)就是让机器通过识别和理解过程把语音序列转换为文本序列的技术,如图 4-18 所示。语音识别源于 20 世纪 50 年代早期在贝尔实验室所做的研究。早期语音识别系统仅能识别单个讲话者，只有约十几个单词的词汇量。现代语音识别系统已经取得了很大进步，可以识别多个讲话者，并且拥有识别多种语言的庞大词汇表。

语音识别技术主要包括特征提取技术、模式匹配准则及模型训练技术 3 个方面。其基本过程包括语音输入、特征提取、模式匹配、文本输出 4 个步骤，如图 4 - 19 所示。通过麦克风，语音便由物理声音被转换为电信号，然后通过模数转换器被转换为数据。声音一旦被数字化，就可适用若干种模型，将音频转录为文本。

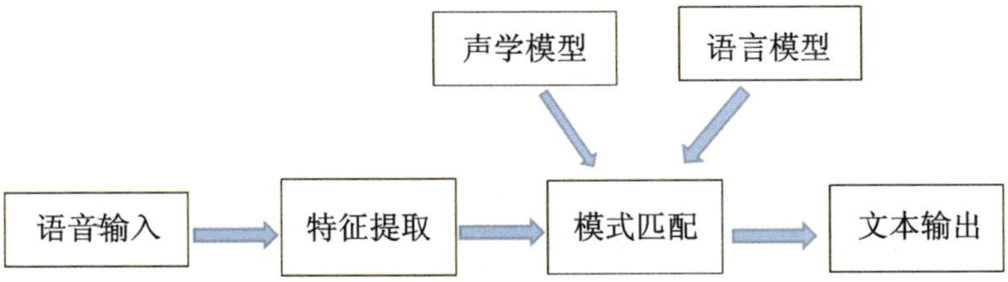

图 4 - 19　语音识别的基本过程

语音输入是指将语音信号转化为计算机能够处理的数字信号。与图像处理技术一样，语音识别需要把声音数字化。

特征提取技术是将语音信号中有用的特征参数信息从所有信息中提取出来的技术。通过分析处理，删除冗余信息，留下关键信息。

模式匹配则是根据一定准则，使未知模式与模型库中的某一个模型获得最佳匹配。模型训练是指按照一定的准则，从大量已知模式中获取表征该模式本质特征的模型参数。

声学模型是指将语音信号的观测特征与句子的语音建模单元联系起来，即语音到音节概率的计算。

语言模型则是音节到字概率的计算。语言模型与文本处理相关，比如我们使用的智能输入法，当输入“nihao”时，输入法候选词会出现“你好”而不是“尼毫”。候选词的排列参照语言模型得分的高低顺序，语言模型也用于处理文字序列，它是结合声学模型的输出，给出概率最大的文字序列作为语音识别结果。

文本输出是指将识别结果以文本的形式输出。

4.2.3　实战演练

1. 简单的游戏控制

登录商汤教育平台，进入实验 8 - 3 简单游戏控制。在本项目中使用者将要学习魔塔游戏，学习如何进行简单的游戏命令编写，以及如何使用语音对游戏进行控制。

(1) 语音识别并打印输出识别结果

在代码区输入以下代码，单击“运行”按钮。

```
audioInput = record_recg_voice()
print(audioInput)
```

例如，录制音频“向右”，如图 4－20 所示，出现录音对话框后单击“开始”按钮，说话结束后单击“停止”按钮，可播放声音。单击“识别”按钮，在右侧结果展示栏的下方，单击“打印输出”下拉列表，可查看识别结果，如图 4－21 所示。可以多次尝试向上、向下、向左、向右、战斗、拾取等游戏常用命令。

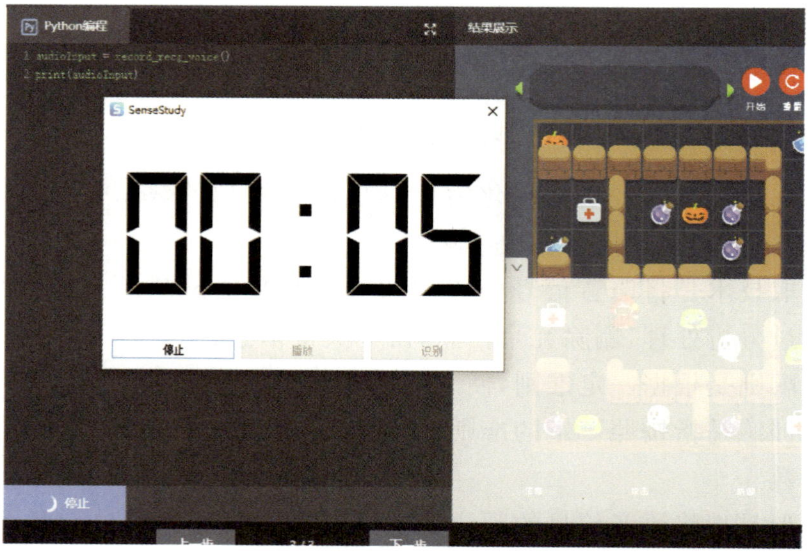

图 4－20　录制音频“向右”

(2) 游戏控制

例如，要获取左侧药箱，如图 4－22 所示，应该执行向左—向左—拾取—放道具一系列命令。尝试输入代码，控制游戏主角移动并完成任务，运行结果如图 4－23 所示。

核心代码如下：

```
go("left")
go("left")
collect()
```

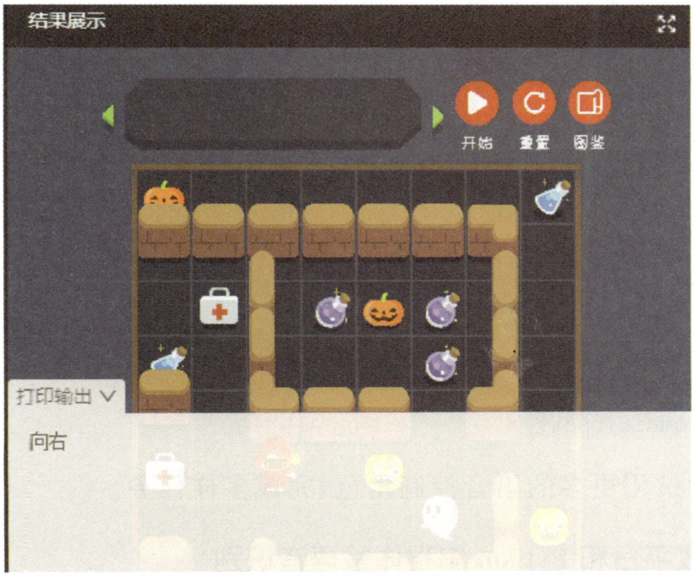

图 4－21　打印输出识别结果

图 4－22　左侧药箱位置

图 4－23　运行结果——完成获取左侧药箱任务

(3) 语音控制

自定义函数 control(),将识别的语音指令与控制指令对应。录入语音并尝试用语音控制角色向左移动完成拾取左侧药箱的任务。

核心代码如下：

```
def control(audioInput):
    if "向左" in audioInput:
```

```
        go("left")
audioInput = record_recg_voice()
control(audioInput)
def control(audioInput):
    if "向左" in audioInput:
        go("left")
    elif "拾取"in audioInput:
        collect()
while True:
    audioInput = record_recg_voice()
    control(audioInput)
```

你还可以尝试用更多的语音控制角色，完成多样任务。

2. 利用开放平台和 Python 编程体验语音识别

(1) 利用开放平台体验语音识别

你可以选择任意一个语音识别开放平台进行体验。例如，登录网站(https://www.xfyun.cn/services/voicedictation)，进入讯飞开放平台，选择语音识别模块进行体验，如图 4-24 所示。

图 4-24　讯飞开放平台

(2) 古诗达人——利用 Python 编程体验语音识别

用 Python 编程，让计算机陪你一起背诵古诗《春晓》，你说一句，计算机接下一句。

1）环境搭建

① 安装 pywin32 扩展库、speech 模块，安装指令如下：

```
pip install pywin32
pip install speech
```

② 第一次启用语音识别需要进行设置：进入控制面板，开启语音识别模块，设置本地语音识别，如图 4－25 所示。

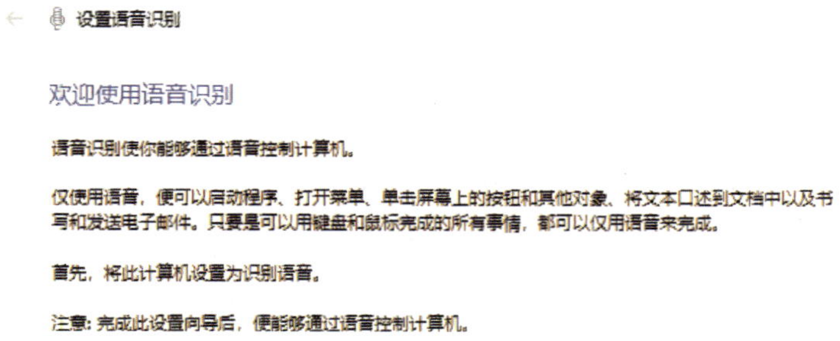

图 4－25　设置本地语音识别

③ 语音识别调试过程如下：

```
#导入模块
import speech
while True:
    print("单击麦克风开始说话")
    say = speech.input()           #接收语音
    print("你说的是：" + say)      #显示识别结果
```

它调用了本地语音识别软件，如图 4－26 所示。

图 4－26　调用本地语音识别软件

2）核心代码

核心代码如下：

```
import speech
while True:
print("单击麦克风开始说话")
```

```
    say = speech.input()          # 接收语音
    print(say)                    # 显示识别结果
    if say == "春眠不觉晓":
        print("处处闻啼鸟")
    elif say == "夜来风雨声":
        print("花落知多少")
```

4.2.4 拓展延伸

在体验过程中你觉得影响语音识别准确度的因素有哪些?

语音识别技术就是让机器把语音信号转变为相应的文本或命令的技术。人与人之间的语言沟通会因为双方背景、文化程度、经验范围的不同,而导致信息沟通不畅,让机器准确识别并理解语音则更加困难。语音信号具有多变性、动态性、瞬时性和连续性等特点,机器识别语音需要应对不同的声音、不同的语速、不同的内容以及不同的环境。这些原因都是语音识别发展的制约条件。

4.2.5 本节练习

① 思考:要提高语音识别的准确率,我们可以从哪些方面改善?

② 设计一款基于语音识别技术的智能家电,说出你的想法,并尝试用程序来表达。

4.3 人机交互

4.3.1 情景展现

小智的一天,已离不开语音识别与语音合成技术了。早上 6 点,“小爱”唤醒他起床,播报今日天气,提醒他添衣保暖。6 点半,由于老师最近布置的读名著的作业他还没完成,于是他打开“听书”软件,将文字小说直接转成有声小说,吃早饭、听书两不误。7 点,他坐上爸爸开的车去上学,车载导航的声音越来越像真人……

当下，大型商场由于有逛购、吃喝、娱乐等多种功能，受到大家欢迎。但因商场太大，人们逛着逛着就容易迷路，要自己找到想去的地方不太容易，这时候如果有个“导游”就可以解决很多问题。很多商场就此引进了多种智能导航设备为顾客服务，如图 4－27 所示，顾客可以触屏寻找，也可以直接与导航机器人对话，轻松找到方向。

要实现人机对话，除了语音识别技术外，我们还用到了什么技术？

图 4－27　机器人导航服务

4.3.2　思考探索

第一代人机对话时代，人机交流使用的语言全部是经过定义并有数量限制的字符集，可以称为密码式语言。对话双方必须牢记该密码式语言，在此体系外的人基本不了解语言含义。

第二代人机对话时代，人机对话的交流方式在第一代的基础上有了很大的改进，采用接近人类自然思维的“所见即所得”的图形式交流方式。以类似人类书写形式的视觉交流为主，但交流方式仍主要通过键盘、鼠标等实现，而不是按照人类本来的交流方式进行。

借助语音识别和语音合成技术，人机对话跨入第三个时代。第三代人机对话的交流方式则越来越接近人习惯的自然语言交流方式，甚至包括人的表情、手势、步态等。

语音合成技术包含前端与后端两部分，如图 4－28 所示。前端主要依赖文本与韵律分析模型进行文本与韵律分析。后端则依赖声学模型和声码器进行声学处理与声音合成。

在文本与韵律分析中，首先将文本切成一个个词语，这一步叫作分词；紧接着标注每个字的发音以及哪里是重音、哪里需要停顿等韵律信息；然后根据分词和标注的结果提取文本的特征，将文本变成一个个文本特征向量组成的序列。

从文本特征向量到声学特征向量的映射则由声学模型进行建立。一个个文本特征向量经过声学模型的处理，会变成一个个声学特征向量。声码器则会将一个个声学特征向量通过反变换分别得到相应的声音波形，然后依次进行拼接就得到了整个文本的合成语音。

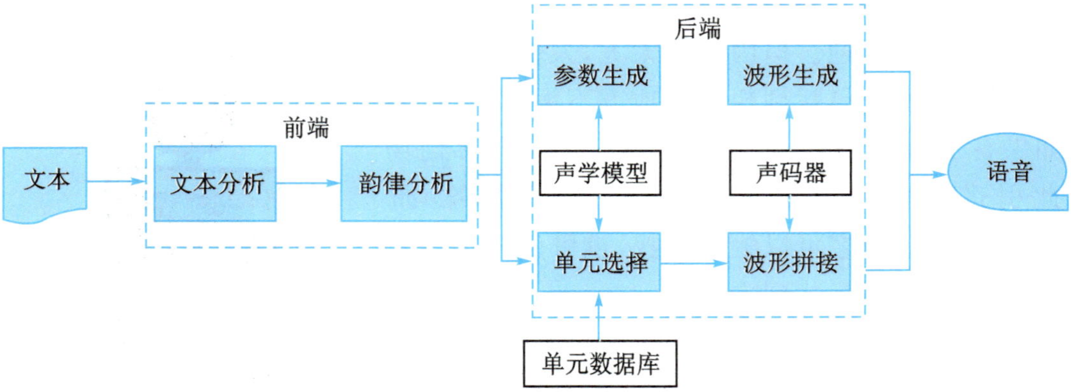

图 4-28　语音合成基本框架

4.3.3　实战演练

1. 利用人工智能平台进行体验

你可以选择任意一个语音合成在线体验平台进行体验。例如，登录网站(https://www.xfyun.cn/services/online_tts)，进入讯飞开放平台，选择在线语音合成模块进行产品体验，如图 4-29 所示。

选择基础发音人，输入需要进行语音合成的文本，选择想要体验的人声，调节语速和音量，单击“立即合成”即可。

图 4-29　语音合成体验

2. 语音播报小助手

运用 speech 模块中 speech.say()函数实现语音合成。

核心代码如下：

```
#输入文字
speech.say("请输入")
str = input("请输入：")
#播报语音
speech.say("你输入的内容是：")
speech.say(str)
```

3. 对答如流

对 4.2.3 小节中的古诗达人进行改进，用 Python 编程让计算机陪你一起背诵古诗《春晓》，你说一句，计算机说下一句。

核心代码如下：

```
while True:
    print("单击麦克风开始说话")
    str = speech.input()          #接收语音
    speech.say(str)               #播报识别结果
    if say == "春眠不觉晓":
        speech.say("处处闻啼鸟")
    elif say == "夜来风雨声":
        speech.say("花落知多少")
```

4.3.4　拓展延伸

语音合成技术未来的思考

语音合成技术在不久的将来还会带来一系列更加精彩的应用。例如：私人助手，用于读取著名的音频书籍；各类可联网的语音合成设备，为视觉障碍的残疾人合成语音；另外，它还可以服务于电影动画或者游戏工作室。配合智慧教育系统，语音合成可以实现中英文音素、单词、词组、课文的标准朗读及带读。除公共基础教育课堂应用外，它还可以在课外教育培训机构及教辅软件中广泛应用。中文除普通话外，还可以针对少数民族语言(维语、藏语等)进行有针对性的合成，保留民族特色，促进民族文化传承。

但假如有一天，你发现机器人发出的声音和你的一模一样，你是该感到惊慌，还是该感到欢喜？这并不是危言耸听，这是人工智能技术中的语音合成技术在捣鬼。在这个合成图片肆意蔓延、虚假新闻充斥各大媒体的时代，一个可以让机器人说任何话的程序，似乎是引发更多麻烦的催化剂。

未来我们究竟该如何应用该项技术呢？

4.3.5 本节练习

① 请判断正误：

(a) 当今，人机交互倾向自然语言交流，只需应用语音合成技术。(　　)

(b) 语音合成一般会经过文本与韵律分析、声学处理与声音合成 3 个步骤。(　　)

(c) 不要轻易相信自己的耳朵，人工智能能模仿、合成任何声音。(　　)

答案：(a) ×；(b) √；(c) √。

② 尝试开发一款"唐诗三百首伴你学"人机对话系统。

项目实践 4　游戏控制

在 4.2.3 小节中，我们已经在商汤教育平台搭建起了一个简单的语音控制系统。为了改进这个系统，我们接下来需要了解路径规划、模糊匹配等相关知识，并将前面这些功能结合起来，实现一个更加高效、更加智能的语音控制系统。本项目会先向大家介绍如何实现一些高级的语音控制指令，然后就可以开动脑筋，按照自己的构想搭建出这套语音控制系统了。最后，让我们比比看，谁能用自己实现的系统更快地完成游戏。实现"最近型"语音指令，开发更多的语音指令，比一比谁的系统更高效。

环境搭建

登录商汤教育平台，依次完成实验 8－4 路径规划、实验 8－5 模糊匹配、实验 8－6～实验 8－7 复杂语音控制。

核心代码

1. 路径规划

在本实验中，我们尝试对之前的系统进行改进，使计算机具备一定的路径规划能力。

(1) 获取游戏状态信息

以获取所有怪物位置为例，并打印第 1 个怪物位置信息，图 4-30 所示。

图 4-30　获取怪物位置信息

核心代码如下：

```
#获取游戏状态信息
destination = info("monster")
print(destination[0])
```

(2) 找到目标怪物并打怪

找到目标怪物 destination[0]，如图 4-31 所示，其位置信息为[8,1]，即第 8 行、第 1 列。我们需要获取其位置并对其进行攻击，如图 4-32 所示。

核心代码如下：

```
#获取游戏状态信息
destination = info("monster")
print(destination[0])

```

```
#找到目标怪物并打怪
order = pathfinding(destination[0])
print(order)
for step in order:
    go(step)
battle()
```

图 4-31　找到目标怪物 destination[0]

图 4-32　攻击怪物 destination[0]

(3) 寻找最近/最远的怪物/物品

我们还可以使用以下命令寻找最远/最近的怪物/物品。下列函数返回其位置所在坐标。

最远的怪兽：farthestMonster()。

最近的怪兽：nearestMonster()。

最远的物品：farthestItem()。

最近的物品：nearestItem()。

下面我们一起尝试获取角色附近最近的物品，如图 4-33～图 4-34 所示。

核心代码如下：

```
#获取游戏状态信息
destination = info("monster")
print(destination[0])

#找到目标怪物并打怪
order = pathfinding(destination[0])
```

```
print(order)
for step in order:
    go(step)
    battle()

#找到角色附近最近物品并拾取
order2 = pathfinding(nearesItem())
print(order2)
for step in order2:
    go(step)
collect()
```

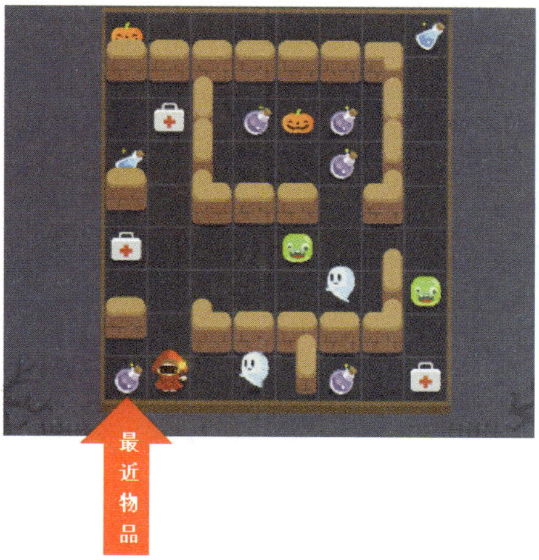

图 4－33　角色附近最近物品位置示意图

图 4－34　获取角色附近最近的物品

2. 模糊匹配

在上一个实验中，我们主要了解了如何让计算机实现简单的路径规划。不过，作为一个语音控制系统，计算机在做出路径规划之前需要解析出语音指令中的关键信息。因此，在本实验中，我们还将了解一种让计算机“理解”语音指令的方法——模糊匹配。

(1) 与平台进行交互

尝试发出语音指令“向右并打怪”，查看识别结果，并观察法师动作是否与语音匹配。你也可以尝试更多的动作。

核心代码 1：

```
def control(order):
    pass
    if "向右并打怪" in order:
        go("right")
        battle()
order = record_recg_voice()
print(order)
control(order)
```

(2) 语音命令对话模板

语音命令对话模板见表 4-1 所列，主语不一定出现，但动词、描述性形容词及目标名词是必要的成分。

表 4-1　语音命令对话模板

主　语	动　词	描述性形容词	目标名词
法师	打	最近的	怪物
法师	捡	左边的	宝石

将自己想操作的命令录音上传，思考命令是否符合上述对话模板，是否还有其他的形式。

(3) 词槽与词典

词槽：完成命令的关键信息，如动词词槽、描述性形容词词槽、目标名词词槽。我们只需找出这 3 个关键词槽，就能完成一条命令，如打、最近的、怪物。

词典：包含词槽的所有词。例如动词词槽打(攻击、打击、战斗)、捡(拾取、抓取)、开(打开、开启、推开)……

用列表存放这些词槽。例如：

```
action_list = [["攻击","打","打击","战斗"],["捡","拾取","抓取"],["开","打开","开启","推开"]]
```

使用 in 按词槽依次匹配词典，未匹配到则反馈缺失信息。

尝试创建各类词槽、词典，并自定义检索函数。

核心代码 2(接核心代码 1)：

```
#创建动词词槽、词典
action_list = [
    ['攻击','打','打击','战斗'],\
    ['捡','拾取','抓取'],\
```

```
    ['开','打开','开启','推开']
    ]
#创建描述性形容词词槽、词典
describe_list=[
    ['最近的', 距离最短的','近的'],\
    ['最远的', 距离最长的','远的'],\
    ['绿色的', 红色的','黄色的']
    ]
#创建目标名词词槽、词典
target_list=[
    ['怪物','南瓜','鬼魂','怪兽'],\
    ['医疗箱','药水','药剂'],\
    ]
#动词词槽检索
def getAction(order)：
    pass
    for i in range(len(action_list))：
        for j in range(len(action_list[i]))：
            if action_list[i][j] in order：
                return action_list[i][j]
            else：
                if action_list[i][j]==action_list[-1][-1]：
                    print("请在指令中补充动作信息")
#描述性形容词词槽检索
def getDescription(order)：
    pass
    for i in range(len(describe_list))：
    for j in range(len(describe_list[i]))：
        if describe_list[i][j] in order：
            return describe_list[i][j]
        else：
            if action_list[i][j]==action_list[-1][-1]：
                print("请在指令中补充描述性信息")
#目标名词词槽检索
def getTarget(order)：
    pass
    for i in range(len(target_list))：
        for j in range(len(target_list[i]))：
            if target_list[i][j] in order：
```

```
            return target_list[i][j]
        else:
            if action_list[i][j] == action_list[-1][-1]:
                print("请在指令中补充目标信息")
```

(4) 尝试语音控制角色

自我尝试对 control 命令做修改,实现角色语音控制。例如,打最近的怪物。

核心代码 3(接核心代码 2):

```
def control(action,description,target):
    pass
    if description == '最近的'and target == "怪物":
            pos = nearstMonster()
            path = pathfinding(pos)
        for i in path:
            go(i)
    if action == "打":
        battle()
order = record_recg_voice()
action = getAction(order)
description = getDescription(order)
target = getTarget(order)
control(action,description,order)
```

3. 复杂语音控制

我们可以增加词典库,开发语音控制程序,让游戏更智能。动作列表(见表 4-2)可以帮助我们更好地熟悉各类动作指令。

表 4-2 动作列表

动 作	指 令	动 作	指 令
向左	go("left")	使用第×个工具	useItem(number)
向右	go("right")	获取最远怪兽坐标	farthestMonster()
向上	go("up")	获取最近怪兽坐标	nearestMonster()
向下	go("down")	获取最远物品坐标	farthestItem()
打	battle()	获取最近物品坐标	nearestItem()
捡	collect()	寻找目标[x,y]路径	path finding([x,y])

核心代码如下:

```
#创建并添加动词词槽、词典
action_list=[
    ['攻击','打','打击','战斗'],\
    ['捡','拾取','抓取'],\
    ['开','打开','开启','推开']
    ]
#创建并添加描述性形容词词槽、词典
describe_list=[
    ['最近的','距离最短的','近的'],\
    ['最远的','距离最长的','远的'],\
    ['绿色的','红色的','黄色的']
    ]
#创建并添加目标名词词槽、词典
target_list=[
    ['怪物','南瓜','鬼魂','怪兽'],\
    ['医疗箱','药水','药剂'],\
    ]
#动词词槽检索
def getAction(order):
    pass
    for i in range(len(action_list)):
        for j in range(len(action_list[i])):
            if action_list[i][j] in order:
                return action_list[i][j]
            else:
                if action_list[i][j]==action_list[-1][-1]:
                print("请在指令中补充动作信息")
#描述性形容词词槽检索
def getDescription(order):
    pass
    for i in range(len(describe_list)):
        for j in range(len(describe_list[i])):
            if describe_list[i][j] in order:
                return describe_list[i][j]
            else:
                if action_list[i][j]==action_list[-1][-1]:
                    print("请在指令中补充描述性信息")
#目标名词词槽检索
def getTarget(order):
```

```
    pass
    for i in range(len(target_list)):
        for j in range(len(target_list[i])):
            if target_list[i][j] in order:
                return target_list[i][j]
            else:
                if action_list[i][j] == action_list[-1][-1]:
                    print("请在指令中补充目标信息")
#自定义 control 函数
def control(action,description,target):
    pass
#写下自己的 control 函数
#识别语音实现游戏控制
while True:
    order = record_recg_voice()
    action = getAction(order)
    description = getDescription(order)
    target = getTarget(order)
    control(action,description,order)
```

项目实践 5　智能台灯

随着人工智能技术的发展，越来越多的智能家电“走进”千家万户。学习了语音识别与语音合成技术后，我们就来动手设计一款智能台灯吧。想一想智能台灯可以有哪些功能？

在本项目中，我们将利用所学的语音识别和语音合成知识，设计一款可以用语音控制开、关和亮度的智能台灯，并体验便携的人机交互。

任务分解：

① 语音控制开、关灯：计算机接收语音，如果接收“开灯”语音，则打开台灯；如果接收“关灯”语音，则关闭台灯；否则，回复“对不起，我没有听清”。

② 语音调节亮度：设定该款智能台灯的亮度为 0～5 共 6 个档位，默认档位为 2。每接收一次“调亮”语音，台灯将在现有亮度基础上自动升高一个亮度档位，直到最高档。每接收一次“调暗”语音，台灯将在现有亮度基础上自动降低一个亮度档位，直到最低档。

③ 整合语音控制开、关灯和调节亮度两个功能，并结合语音合成技术，让台灯

不仅能按照语音提示工作，还能和用户进行简单对话。

核心代码

1. 语音控制开、关灯

核心代码如下：

```
while True:
    #接收语音
    print("请说指令")
    say = speech.input()
    #开灯
    if say == '开灯':
        print("已为您开灯")
    #关灯
    elif say == "关灯":
        print("已为您关灯")
    #提示指令不明确
    else:
        print("对不起,我没有听清")
```

2. 语音调节亮度

根据实际需求，开灯后，用语音调节灯光亮度。

核心代码如下：

```
#自定义灯光亮度调节函数 Light()
def Light():
#调节亮度档位 0~5,默认档位为 2
    light = 2
    print("调节亮度……")
    while True:
        say = speech.input()
        if say == "调亮":
            if light == 5:
                print(">>>当前已是最高亮度>>>")
            else:
                light += 1
                print(">>>已为您调高一个亮度,当前亮度:",light,">>>")
```

```
        elif say == "调暗":
            if light == 0:
                print(">>>当前已是最低亮度>>>")
            else:
                light -= 1
                print(">>>已为您调低一个亮度,当前亮度: ",light,">>>")
        elif say == "关灯":
            print(">>>已为您关灯>>>")
            break
        else:
            print(">>>对不起,我没有听清>>>")
while True:
    #接收语音
    print("请说指令……")
    say = speech.input()
    #开灯并调节亮度
    if say == "开灯":
        print(">>>已为您开灯>>>")
        Light()
    #关灯
    elif say == "关灯":
        print(">>>已为您关灯>>>")
    #提示指令不明确
    else:
        print(">>>对不起,我没有听清>>>")
```

3. 升级版智能台灯

前面我们一起设计了一款基于语音识别技术的智能台灯,接下来我们将应用语音识别和语音合成技术,实现和智能台灯"无障碍沟通",体验便捷的人机交互。

核心代码如下:

```
#自定义灯光亮度调节函数 Light()
def Light():
    #调节亮度档位 0~5,默认档位为 2
    light = 2
    speech.say("调节亮度……")
    while True:
        say = speech.input()
        if say == "调亮":
```

```
        if light == 5:
            speech.say("当前已是最高亮度")
        else:
            light + = 1
            speech.say("已为您调高一个亮度,当前亮度:" + str(light))
    elif say == "调暗":
        if light == 0:
            speech.say("当前已是最低亮度")
        else:
            light - = 1
            speech.say("已为您调低一个亮度,当前亮度:" + str(light))
    elif say == "关灯":
        speech.say("已为您关灯")
        break
    else:
        speech.say("对不起,我没有听清")
```

第 5 章　机器学习初探

对于机器学习，我们可能还有些陌生，但它却早已渗透到我们生活的方方面面。我们常用的小爱同学和天猫精灵等语音助手、学校门口的人脸识别系统、汽车上的辅助驾驶系统、短视频 APP 的自动推荐，这些人工智能应用案例的背后都离不开机器学习。

接下来，让我们一起看看机器是如何实现学习的。

5.1　认识机器学习

5.1.1　情景展现

当你在网上购物的时候，常常会出现以下情景：你在淘宝网上买了一个商品之后，会不断看到关于购物建议的广告弹窗；有时购物网站或应用程序会向你推荐一些符合你口味的商品。当然，这可以改善购物体验，但你知道这背后是机器学习的推荐算法吗？根据你在购物 APP 上的行为、过去购买的商品、喜欢或添加到购物车的商品、品牌偏好等，算法会为你提供购买建议。

5.1.2　思考探索

那么到底什么是机器学习呢？

人类学习的过程大致是一个举一反三的过程。例如，我们经常参加考试，考试的题目在考试之前我们未必做过，但是在考试之前我们通常都会做很多的练习，通过做练习我们学会了解题方法，因此在考场上面对陌生问题也可以算出答案。

机器学习的过程也类似：我们可以利用一些训练数据（已经做过的题目），使机器能够通过它们（归纳出的解题方法）分析未知数据（考试题目）。

简而言之，机器学习就是让机器从大量的数据中集中学习，进而得到一个更加符合现实规律的模型，通过对模型的使用使得机器比以往表现得更好。

机器学习又分为两大类：监督学习和无监督学习。

监督学习是根据已有的数据集，得到输入和输出结果之间的关系。根据这种已知的关系，训练得到一个最优的模型。也就是说，在监督学习中训练数据既有特征(Feature)又有标签(Label)，通过训练，让机器可以自己找到特征和标签之间的联系，在面对只有特征没有标签的数据时，可以判断出标签。通俗一点，可以把监督学习理解为我们教机器如何做事情。

如图 5－1 所示，当我们给机器输入了两张图片和猫的标签，机器再对新图片进行判断时，可以根据新图片的特征，判断它是否为猫。所以监督学习常常用来进行分类(Classification)，除了分类外，当需要预测一些连续性的数据(如价格)时，监督学习也用来做回归(Regression)预测。

图 5－1　监督学习——猫的分类示意图

而无监督学习(又称非监督学习)是指在没有标签的情形下，根据聚类或一定的算法得到数据之间的关系。比起监督学习，无监督学习更像是自学，让机器学会自己做事情，是没有标签的。

如图 5－2 所示，当我们给机器输入了一系列无标签的狗的图片时，无监督学习可根据特征将相似的图片聚为一类。所以无监督学习常常用来聚类，例如手机相册中的人脸聚类。

图 5－2　无监督学习——狗的聚类示意图

5.1.3　实战演练

利用百度 EasyDL 平台（http://ai.baidu.com/easydl/app/1/100/models）图像分类工具训练一个猫、狗图像分类模型。

（1）创建模型

如图 5－3 所示，简要填写好模型名称及相关信息。

图 5－3　创建模型

(2) 创建数据集并在线标注

分别收集猫和狗的图片，并进行标注，如图 5－4～图 5－5 所示。

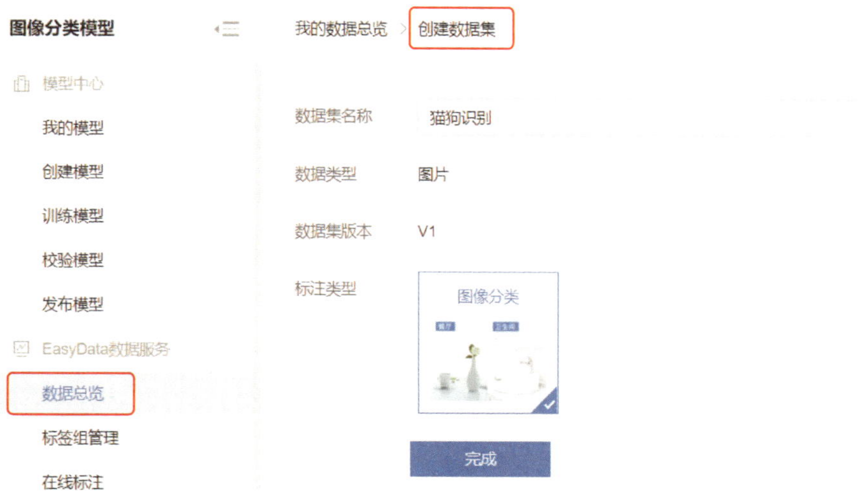

图 5－4　创建数据集

图 5－5　在线标注数据

(3) 训练模型

如图 5－6 所示，这个过程需要一定的时间，第(2)步中的数据集越大，训练时间越长。

图 5-6　训练模型

(4) 校验模型

找一张训练数据集中没有的猫或狗的图片，如图 5-7 所示，识别结果为猫的概率为 87.72%。如果识别准确率较低，可以扩大第(2)步中的数据集，再次分类训练模型。

图 5-7　校验模型

5.1.4 拓展延伸

除了监督学习和无监督学习之外，机器学习还有半监督学习和强化学习两个分类。

1. 半监督学习

半监督学习介于监督学习和无监督学习之间。在此学习方式下，输入数据部分有标签，部分没有标签。这种学习模型可以用来进行预测，但是模型首先需要学习数据的内在结构以便合理地组织数据来进行预测。应用场景同样包括分类和回归，算法包括一些对常用监督学习算法的延伸，这些算法首先试图对没有标签的数据进行建模，在此基础上再对有标签的数据进行预测。

2. 强化学习

在这种学习模式下，输入数据作为对模型的反馈，不像监督模型那样，输入数据仅仅是作为一个检查模型对错的方式。在强化学习下，输入数据直接反馈到模型，模型必须对此立刻做出调整。常见的应用场景包括动态系统以及机器人控制等。

5.1.5 本节练习

收集四大类垃圾图片，利用百度 EasyDL 平台训练一个垃圾图像分类模型。

5.2 初识预测——回归预测函数

5.2.1 情景展现

卖辣椒的人根据生活经验知道辣椒的辣度与其颜色深浅、长度以及软硬程度有关。这个根据观察到的属性去推测相关数值的过程，称之为预测，有时也称之为判断。

我们每天都会做出各种各样的预测，想一想生活中还有哪些预测的例子？

例如：通过色泽判断菜好不好吃，通过声音判断风力大小，通过体形和身高判断体重。

在以上案例中我们都能按照以往的经验做出相应的预测和判断。思考一下，在同样的场景下机器是怎样进行预测的呢？

5.2.2 思考探索

对于生活中很多依据经验的判断，我们已经习以为常，但是机器并不懂得我们生活中的很多概念（比如颜色深浅、长度和质量），它只能读懂数字。

因此，若要让机器进行预测，我们首先要用数字表示上述概念。这个用数字表示物体属性的过程叫作数字化。对于不同的属性，数字化的方式不同。

以钻石为例，一颗钻石有几个不同的属性，包括质量、净度以及价格等。质量的数值可以直接通过天平称量获得（钻石通常以克拉为单位）；价格也是明码标价，可以直接获得；而净度则需要用肉眼观察，见表 5－1 所列，可根据内含物的量，将其分成无瑕级、内含级等若干个等级。

表 5－1　钻石净度的数字化表示

等　级	描　述	数字表示
无瑕级（FL）	钻石没有任何内含物和表面特征	0
内无瑕级（IF）	钻石无可见内含物	1
极轻微内含级（VVS）	钻石内部有难以发现的极微小内含物	2
轻微内含级（VS）	钻石内部有微小的内含物	3
微内含级（SI）	钻石有可见的内含物	4
内含级（I）	钻石的内含物明显可见，影响透明度与光泽	5

数字化之后，一个事物就可以用几个数字来表达。比如一颗质量为 0.5 克拉、净度为轻微内含级的钻石就可以表示为(0.5，3)。

在数字化过程之后，机器就可以在需要进行预测的事物的属性之间建立数字关系。例如要通过钻石的质量预测钻石的价格，需要一批钻石质量和价格的数据，机器根据数据之间的特征，将预测简化为一个数学函数。在面对新的未知价格的钻石时，也可以利用之前得到的数学函数根据新钻石质量预测出它的价格。

这种用于预测的数学函数简称预测函数。对于不同的数据，它可以是一次函数 $y=ax+b$（见图 5－8）、正比例函数 $y=ax$（见图 5－9），也可以是二次函数 $y=ax^2+bx+c$、反比例函数 $y=a/x$……

一个好的预测函数，它的预测结果应该是和实际情况相吻合的，这就需要用大量的数据来支撑。

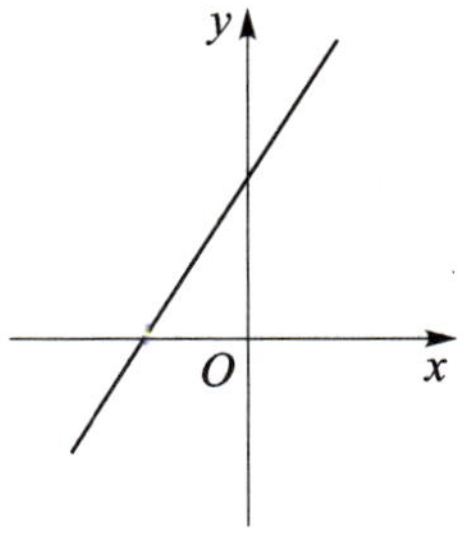

图 5－8　一次函数图像

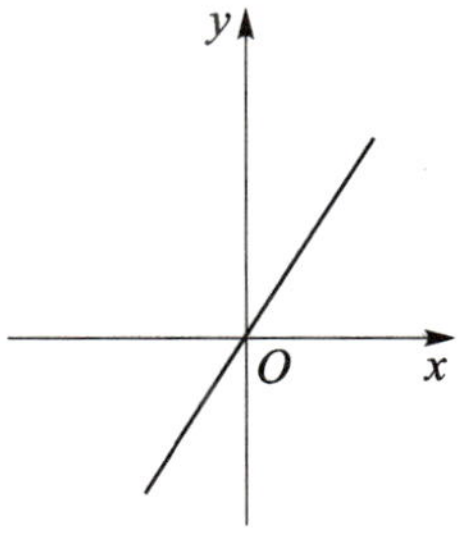

图 5－9　正比例函数图像

5.2.3　实战演练

1. 利用网格纸绘制出预测趋势线

以钻石价格预测为例，在特定的净度和切割形态条件下，预测钻石质量（克拉）和价格（万元）之间的关系。

收集不同钻石的质量、价格数据，见表 5－2 所列。

表 5－2　钻石质量-价格表

质量/克拉	价格/万元	质量/克拉	价格/万元
3	30	1	5
3	20	3	25
2	16	3	24
2	20	2	6
1	7	1	1
3	18	2	10
3	21	1	4
2	8	4	50

利用网格纸（见图 5－10），在表 5－2 记录的钻石数据点（质量，价格）位置，绘制一条直线来描绘钻石质量和价格的关系，使得数据点尽可能分布在直线附近。

2. 利用 Python 编程绘制出预测趋势线

① 利用 pandas 库读取 zuanshi. xls 文件中的数据（见表 5－2），然后利用 matplotlib 库初步绘制散点图，如图 5－11 所示。

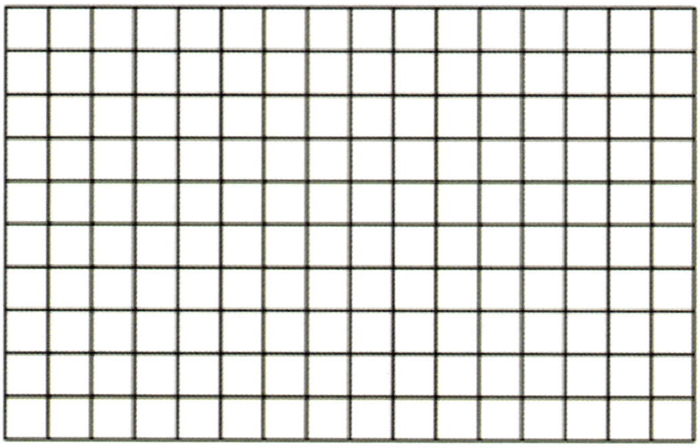

图 5-10 网格纸

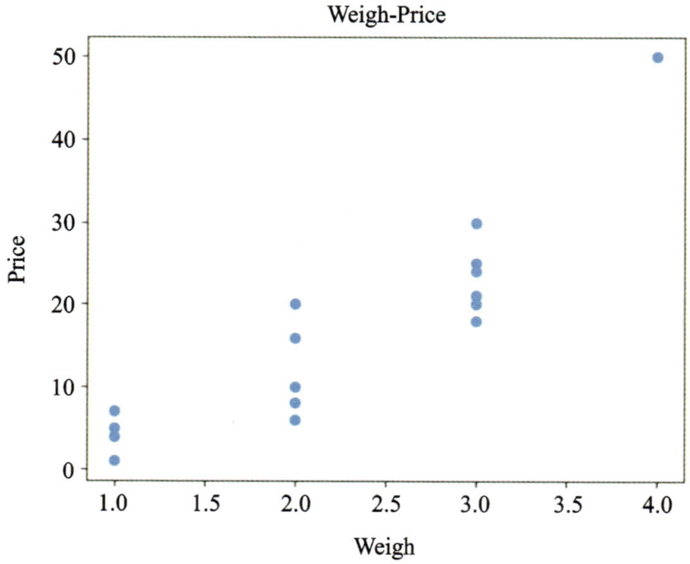

图 5-11 初步绘制散点图

核心代码如下：

```
import pandas as pd
import os
import matplotlib.pyplot as plt
import numpy as np
#读取 zuanshi.xls 文件中的数据
df = pd.read_excel("zuanshi.xls")
weight = df["质量"]
price = df["价格"]
```

```
#设置 x,y 轴的取值范围
plt.scatter(weight,price,label = 'original values')
#设置散点图标题和横、纵坐标
plt.title("Weigh - Price")
plt.xlabel("Weigh")
plt.ylabel("Price")
plt.show()
```

② 借助 numpy 库可以绘制散点图的拟合曲线，如图 5 - 12 所示，并初步输出钻石质量与价格的预测函数。

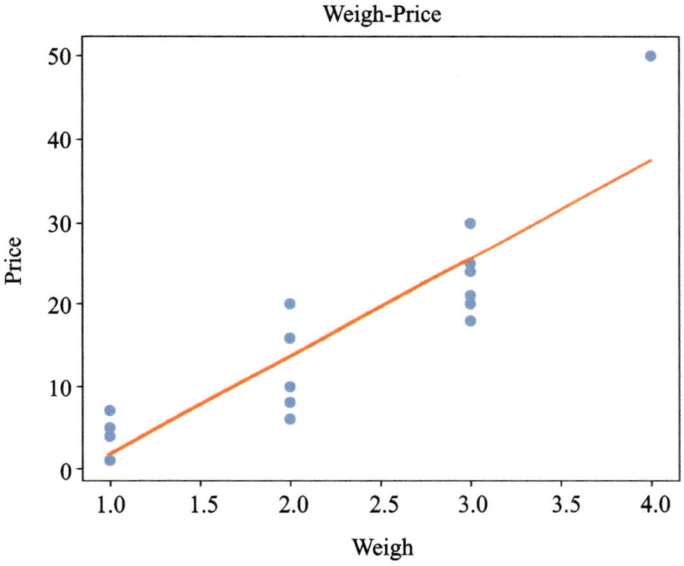

图 5 - 12 绘制散点图的拟合曲线

核心代码如下：

```
import pandas as pd
import os
import matplotlib.pyplot as plt
import numpy as np
#读取 zuanshi.xls 文件中的数据
df = pd.read_excel("zuanshi.xls")
weight = df["质量"]
price = df["价格"]
#设置 x,y 轴的取值范围
plt.scatter(weight,price,label = 'original values')
#设置散点图标题和横、纵坐标
```

```
plt.title("Weigh - Price")
plt.xlabel("Weigh")
plt.ylabel("Price")
#预测函数拟合曲线 p1
z1 = np.polyfit(weight,price,1)                #用 1 次多项式拟合
p1 = np.poly1d(z1)
print(p1)                                      #在屏幕上打印拟合多项式
price = p1(weight)
plt2 = plt.plot(weight,price,'r',label = 'polyfit values')
plt.show()
```

5.2.4 拓展延伸

① 在特定的净度和切割形态条件下，尝试利用刚刚运行代码得到的预测函数 $y=11.9x-10.22$，分别预测 0.5 克拉、2.5 克拉和 5 克拉钻石的价格。

发现问题：0.5 克拉钻石的价格为负值说明了什么？

说明预测函数存在误差，16 组数据较为片面。如果想改进预测结果，需要怎样改善？

增加散点图数据，重新绘制拟合曲线。

② 对于同一个问题，我们可以尝试很多不一样的预测函数。在钻石价格预测的例子中，不同的人拟合出的直线不一样，从而计算得到的斜率和截距有所不同，就得到了不同的预测函数。如图 5－13 所示，不同的预测函数判断准确度不一样。

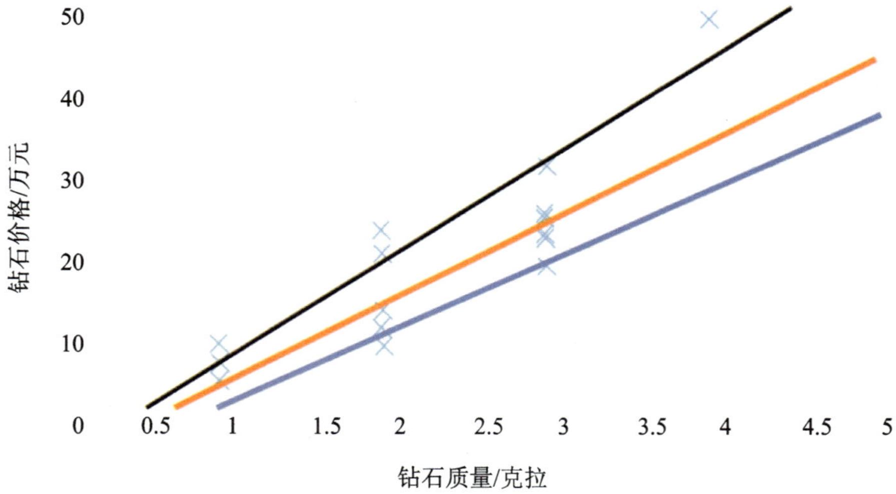

图 5－13 钻石质量-价格关系的多条预测函数曲线

预测值和实际值之间的差别称为预测误差。我们选用最小二乘法来计算误差：

$$预测误差=(预测值-实际值)^2$$

在人工智能领域的实践中，我们通常会准备一组样本数据对预测函数进行测试，这些测试样本称为测试集。通过测试对预测函数进行整体评价，平均预测误差越小，代表其预测越准确。

练习： 算一算你的预测函数的平均误差，验证一下谁的预测函数更贴合实际。

测试集共 3 组实际数据：(0.2 克拉，1 万元)、(0.4 克拉，4 万元)、(0.6 克拉，7 万元)。

核心代码如下：

```
a = 1
b = 1
xs = {0.2: 1,0.4: 4,0.6: 7}
sum_err = 0
for x,y in xs.items():
sum_err = (a * x + b - y) ** 2
print("平均误差：",sum_err/len(xs))
```

5.2.5　本节练习

收集你身边朋友的身高 x、体重 y，绘制散点图及其拟合曲线，并计算出拟合曲线的斜率和截距，得到身高和体重之间的预测函数。

5.3　分类预测函数

5.3.1　情景展现

在 5.2 节中，我们尝试通过钻石的质量去预测钻石的价格，或是通过身高去预测一个人的体重。无论是钻石的价格还是人的体重，都是一个个连续的数值，之前的预测函数实际上是监督学习在回归方面的应用。除此之外，我们还可以利用预测函数对非连续的离散值进行分类，例如预测某颗钻石是高净度还是低净度，或者判断一个人的性别是男还是女。

5.3.2 思考探索

思考一下，已知一个包含钻石的价格、质量以及净度的数据集，我们可不可以通过一颗钻石的质量和价格来预测它的净度？

15 颗不同钻石的价格、质量和净度等级见表 5－3 所列。实际上，钻石净度等级分为无瑕级、内无瑕级、极轻微内含级、轻微内含级、微内含级、内含级。为了方便，我们简单地将净度最高的两个等级归纳为高净度，其余的归纳为低净度。

表 5－3　高、低净度的钻石质量-价格表

价格/万元	质量/克拉	净　度	价格/万元	质量/克拉	净　度
30	3	高	14	2	低
20	3	高	5	1	高
16	2	高	25	3	高
20	2	高	24	3	高
7	1	高	3	1	低
18	3	低	30	4	低
21	3	低	45	4	高
8	2	低			

仔细观察这些数据可以发现，同样的质量下，价格越高，对应的净度也越高。

5.3.3 实战演练

1. 利用网格纸绘制拟合曲线并确定参数值

利用网格纸绘制高、低净度钻石质量-价格拟合曲线，并通过测量网格纸上点的距离来简单计算出分类预测函数的参数值。

我们可以利用之前的网格纸将这些数据的散点图绘制出来，注意可以用不同颜色对高净度和低净度的数据加以区分。

如图 5－14 所示，高、低净度的两类钻石可以被一条明显的直线分割开来，分界线上方为高净度钻石、下方为低净度钻石，可以用 $ax+by+c=0$ 来表示这条分界线。

如果 $ax+by+c>0$ 条件成立，即散点在直线上方，结果为高净度；否则，散点在直线下方，结果为低净度。这里的 a,b,c 可以利用画图法进行确定。

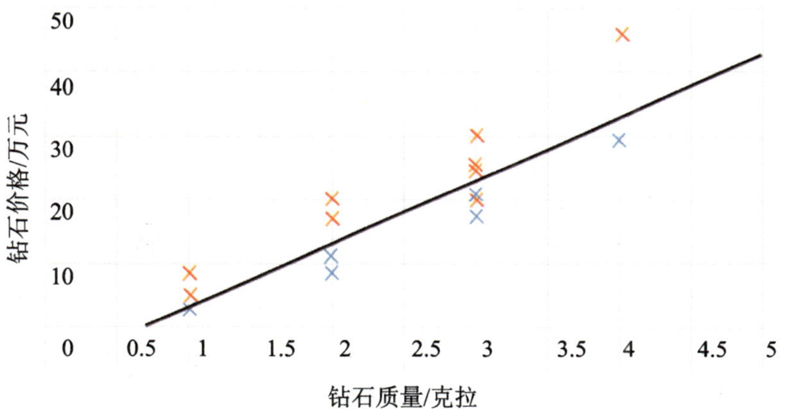

图 5－14 高、低净度钻石分界线

令 $b=1$，$a=-$斜率，$c=-$截距，由此，可以通过测量网格纸上点的距离并进行简单计算，以确定 a，b，c 的值。

2. 利用 Python 编程预测未知钻石的净度

利用本节实战演练 1 中确定的 a，b，c 的值，预测未知钻石的净度。

通过判断条件表达式 $ax+by+c>0$ 是否成立来推测质量分别为 0.2 克拉、0.4 克拉、0.6 克拉，价格分别为 1 万元、9 万元、3 万元的钻石的净度，并将结果显示打印出来。

核心代码如下：

```
a = -10                #测量计算数值
b = 1                  #测量计算数值
c = 1                  #测量计算数值
xs = [0.2,0.4,0.6]
ys = [1,9,3]
for x,y in zip(xs,ys):
    if a * x + b * y + c>0:
        print("高净度")
    else:
        print("低净度")
```

运行结果如图 5－15 所示。

```
============== RESTART:
=======
低净度
高净度
低净度
>>>
```

图 5－15 高、低净度预测结果

5.3.4 拓展延伸

与回归预测函数类似，对于同一个分类问题，我们可以尝试很多不一样的预测函数。回到钻石净度预测的例子，当我们把直线的参数 a，b，c 设置为不同的值时，就可以得到不同的预测函数。我们可以看到，不同直线的预测效果是不一样的。和之前一样，我们需要用一种定量的方式来评价一个分类预测函数的准确度。

在这里，预测类别和实际类别的差异被称为预测误差，有时候也被称为分类误差。可以通过下面的公式计算：

$$预测误差=\{预测类别=实际类别\ 0,预测类别\neq 实际类别\ 1\}$$

和之前一样，我们需要收集一组测试集。在一批样本上，对这个分类预测函数的误差进行测试，得到的平均值被称为预测错误率，用于整体评价一个分类预测函数的分类性能。预测错误率越小，代表其预测越准确。

如果把高净度理解成 1、低净度理解成 0，那么事实上这个预测误差的定义和 5.2 节中的平方误差的定义是相同的。另外，这个误差的定义也更直观，和大家做选择题一样，做对了就得分，做错了就不得分。把做 100 道题目得到的总分，除以题目的总数，就是这个分类预测函数的准确率。

练习：请根据上面得到的预测函数，看看其在以下 4 颗钻石上的分类准确率：2 颗高净度钻石的质量分别为 0.2 克拉和 0.6 克拉，价格分别为 4 万元和 12 万元；2 颗低净度钻石的质量分别为 0.3 克拉和 0.7 克拉，价格分别为 5.5 万元和 13 万元。

核心代码如下：

```
a = -10
b = 1
c = 1
xs = [0.2,0.6,0.3,0.7]
ys = [4,12,5.5,13]
labels = [1,1,0,0]
sum_err = 0
for x,y,label in zip(xs,ys,labels):
    if a * x + b * y + c>0:
        res = 1
    else:
        res = 0
```

```
    if res! =label:
        sum_err=sum_err+1
print(sum_err/len(xs))
```

运行结果如图 5－16 所示。

```
计算分类准确率.py ========
0.5
>>>
```

图 5－16　分类准确率运行结果

思考：如何提高分类预测函数的准确率？

5.3.5　本节练习

① 利用本节的分类预测函数和 Python 程序，预测质量分别为 0.3 克拉、0.5 克拉、0.9 克拉，价格分别为 2 万元、10 万元、10 万元的钻石净度并打印。

② 收集身边朋友的身高 x、体重 y 以及性别信息，绘制散点图及拟合曲线，并测量计算出 $ax+by+c>0$ 中 a,b,c 的值。

利用②中的数据得到的分类预测函数，根据其他人的身高-体重信息，推测出其性别。

第6章　自动驾驶初探

在《青少年人工智能实战》(基础篇)中我们使用智能车套装搭建了一辆简易版的智能车。在本章里，我们将继续深入探讨，给搭建的智能车安装传感器，让车能够自动避障巡线，成为一辆具有自动行驶雏形的智能车。

如果你之前没有接触过《青少年人工智能实战》(基础篇)中智能车部分的知识，请先仔细阅读本书附录B，将智能车搭建好后再来深入了解本章的内容。

6.1　自动避障

6.1.1　情景展现

本节将介绍如何把超声波传感器连接到智能车上，让智能车在遇到障碍物后能够自动停车(见图6-1)。

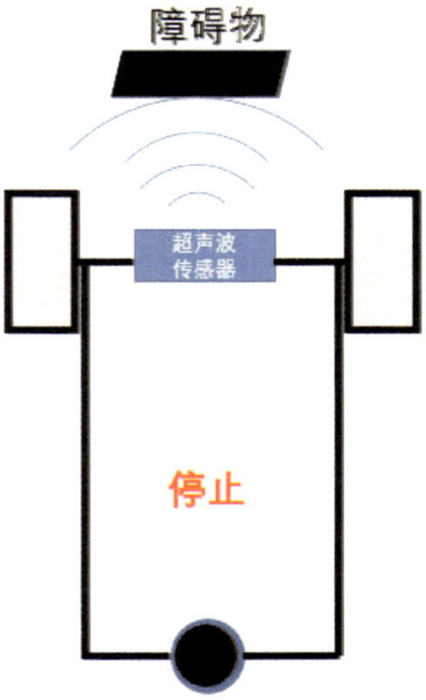

图6-1　避障示意图(1)

6.1.2　思考探索

超声波传感器

人耳能听到的声波频率为20 Hz～20 kHz，当声波频率大于20 kHz或小于20 Hz时，人耳会“听而不闻”。我们把频率低于20 Hz的声波称为次声波，把频率高于20 kHz的声波称为超声波。

超声波传感器是能够发射和接收超声波的装置，图6-2为HC-SR04超声波传感器。

图 6-2　HC-SR04 超声波传感器

注意： 本节使用的超声波传感器测距范围是 2～400 cm，如果小于或超出测距范围，测距数值会出现较大误差。

超声波传感器有两个圆圆的"大眼睛"——超声波探头。这两个"大眼睛"能够发射和接收超声波。超声波探头向前方发射超声波，在发射的同时传感器开始计时，超声波在空气中传播，途中碰到障碍物阻挡就立即反射回来，超声波探头接收到反射回的超声波就立即停止计时，如图 6-3 所示。

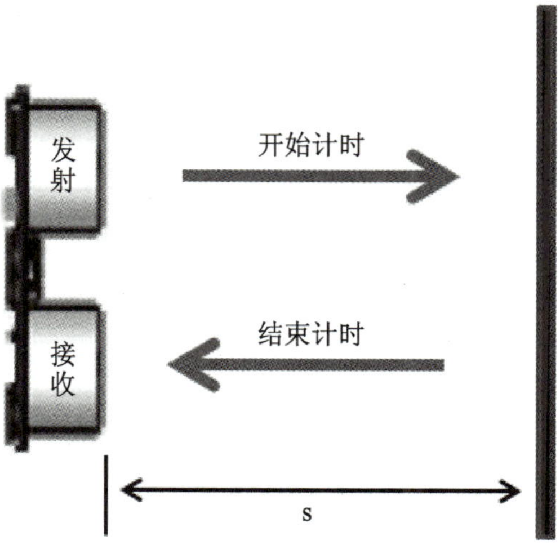

图 6-3　超声波的测距原理

超声波在空气中的传播速度为 340 m/s。计时器记录的时间 t 是超声波从发射探头到障碍物、再从障碍物回到接收探头的总时间，所以超声波从传感器到障碍物的时间应为 $t/2$。知道了速度和时间，就可以计算出传感器到障碍物的距离 s，即 $s=340\ \text{m/s}\times t/2$。

利用超声波传感器能发现前方障碍物，并能测出传感器与障碍物距离的特性，我们给智能车安装一个超声波传感器，让智能车能够发现前方的障碍物，如

图 6－4 所示。

① 如果在前方 15 cm 以内发现障碍物，智能车停止。

② 如果在前方 15 cm 以内没有发现障碍物，智能车一直前进。

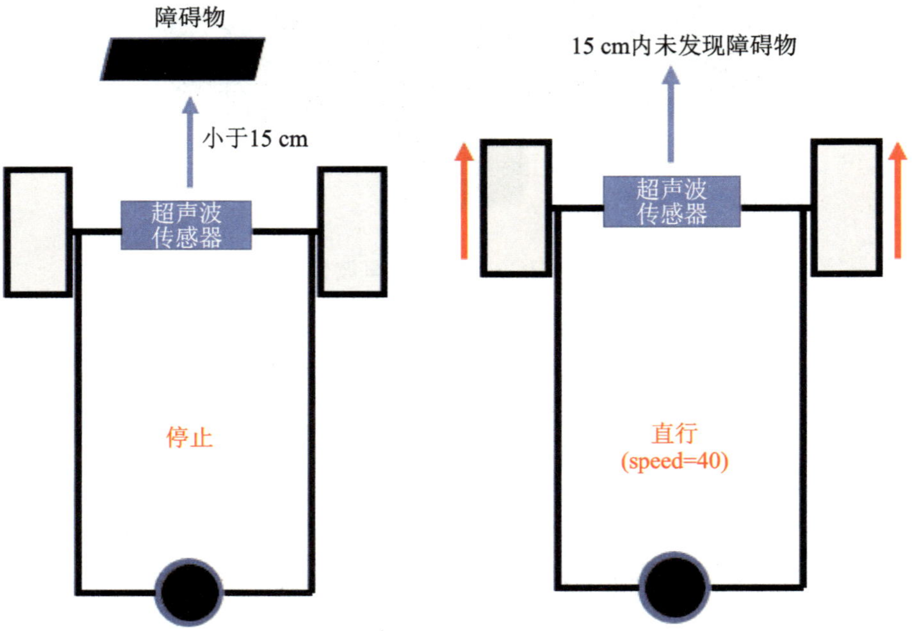

图 6－4　避障示意图(2)

为了降低项目难度，编者提前对超声波传感器进行了初始化设置，并将其封装在库文件 sensor. py(见附录 C)中。编写代码时，只要在主程序中引用库文件 sensor. py(import sensor)，便可以方便地调用超声波测距函数。

超声波测距函数：

```
<变量> = sensor.Ultdistance()
```

函数会返回超声波传感器到障碍物之间的距离(单位：cm)。

6.1.3　实战演练

1. 硬件连接

器材清单见表 6－1 所列。

表 6－1　器材清单

器材名称与数量	图　片	备　注
智能小车 ×1	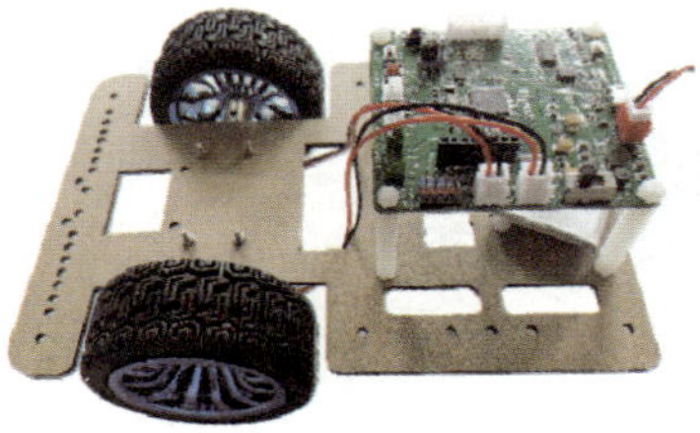	搭建过程参看附录 B
计算机 ×1		安装 Python3
macroUSB 数据线 ×1	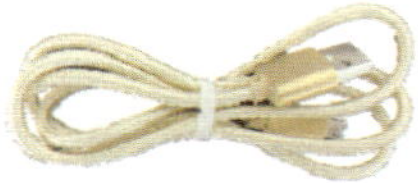	连接开发板与计算机，进行数据传输
超声波传感器 ×1		
超声波扩展模块 ×1	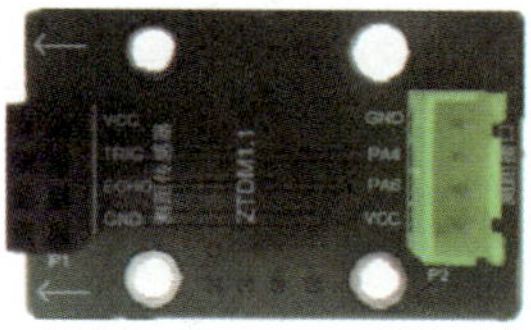	连接开发板和超声波传感器
连接螺丝 ×2		
传感器连接线 ×1		
螺丝刀 ×1		

① 将超声波传感器和连接线接到超声波扩展模块上，如图 6－5 所示。

② 将超声波扩展模块固定到智能车上，如图 6－6 所示。

③ 将连接线另一端插入开发板测距接口，如图 6－7 所示。

图 6-5　超声波传感器连接

图 6-6　固定超声波扩展模块

图 6-7　连接示意图

④ 完成图如图 6-8 所示。

图 6-8　完成图

2. 代码编写

打开 IDLE，新建 Python 文件，编写任务代码。

核心代码如下：

```
#main.py - - 主程序!
import pyb
import car   #引用 car.py
import sensor   #引用 sensor.py
csb = sensor.Ultrasonic()
while True:
    d = csb.distance()   #调用超声波测距函数
    #如果传感器与障碍物之间的距离小于 15 cm,则智能车停止;否则,智能车一直前进
    if d<15:
        car.stopdj()
    else:
        car.go(40)
```

程序运行：

① 将代码文件另存为文件 main. py。

② 将文件 main. py、car. py 和 sensor. py 复制到开发板内存根目录。

③ 拔下数据线，将智能车放在平整开阔的地面上，按下开发板红色“RST”键。

④ 在智能车前方放置障碍物(手掌、书本……)，调整障碍物与智能车的距离，观察智能车的运行状态。

6.1.4 拓展延伸

开发板上带有 4 颗 LED 灯，位置在白色 PS2 接口的旁边，如图 6 - 9 所示。4 颗板载 LED 灯名称、颜色信息见表 6 - 2 所列。

表 6 - 2 4 颗板载 LED 灯名称、颜色信息

标注名	实例名	颜 色
D4	LED(1)	红
D5	LED(2)	绿
D6	LED(3)	蓝
D7	LED(4)	黄

修改代码，使传感器与障碍物的距离、智能车运行状态及板载 LED 灯的关系

图 6-9 板载 LED 灯位置

如表 6-3 所列。

表 6-3 传感器与障碍物的距离、智能车运行状态及板载 LED 灯的关系

传感器与障碍物的距离 d/cm	智能车运行状态	板载 LED 灯
$d>25$	前进，速度 40	绿灯亮
$15<d\leqslant 25$	前进，速度 20	黄灯亮
$d\leqslant 15$	停止	红灯亮

核心代码如下：

```
#main.py - - 主程序!
import pyb
import car   #引用 car.py
import sensor   #引用 sensor.py
csb = sensor.Ultrasonic()
while True:
    d = csb.distance()   #调用超声波测距函数
    #如果智能车与障碍物的距离小于 15 cm，则智能车停止；否则，智能车一直前进
    if d > 25:
        car.go(40)
        pyb.LED(2).on()
    elif d > 15 and d ≤25:
        car.go(20)
        pyb.LED(3).on()
    else:
        car.stopdj()
```

6.1.5 本节练习

修改主程序(main.py)代码,使智能车在遇到障碍物后原地左转向。

6.2 简单巡线

6.2.1 情景展现

本节将介绍在智能车上安装寻迹传感器,让它能够沿着指定线路自动行驶,如图 6-10 所示。

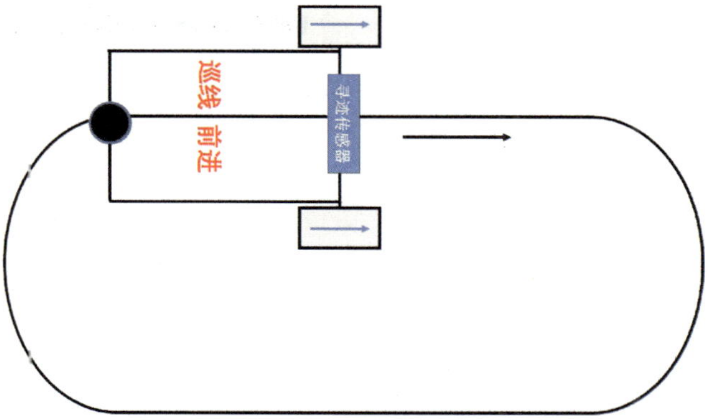

图 6-10 巡线示意图

6.2.2 思考探索

1. 寻迹传感器

寻迹传感器含有 4 个红外探头,红外探头能够发射红外光到路面,如图 6-11 所示。

红外光照射到白色地面,光线会被反射,探头会接收到反射光。

红外光照射到黑色地面,光线会被吸收,探头不会接收到反射光。

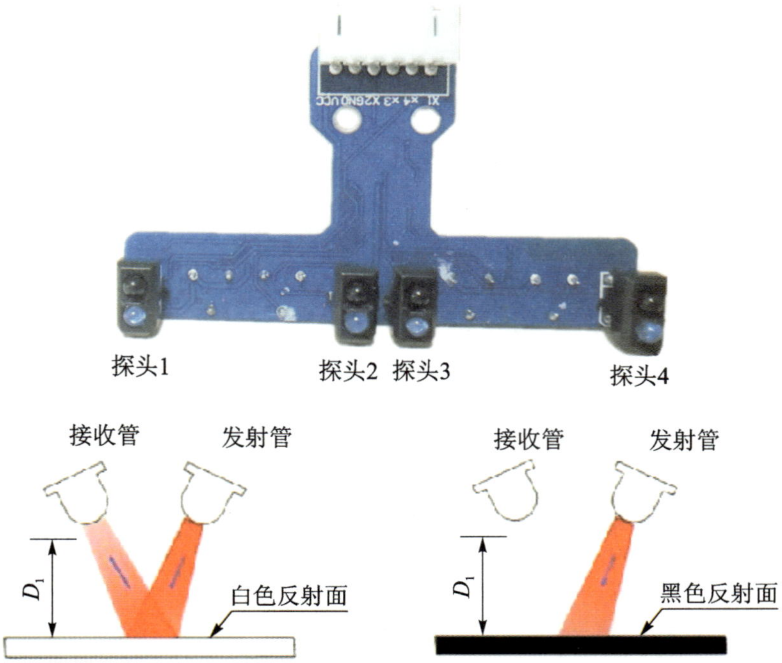

图 6－11　寻迹传感器

2. 巡线原理

当智能车行驶在赛道上时，寻迹传感器的 4 个探头信号和黑线赛道如图 6－12 所示。

智能车在行驶时检测赛道并按照赛道路线行驶，传感器只返回两种信号：0（检测到黑线）和 1（检测到白线）。所以设定如下：

① 检测到黑线时寻迹模块相应的指示灯亮，返回值为 0。

② 未检测到黑线时寻迹模块相应的指示灯灭，返回值为 1。

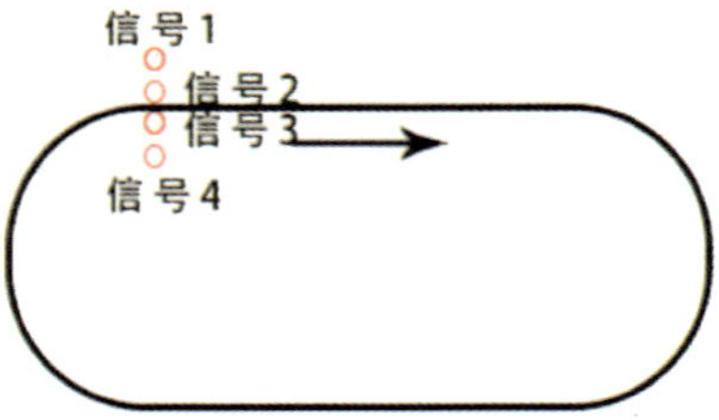

图 6－12　4 个探头信号和黑线赛道

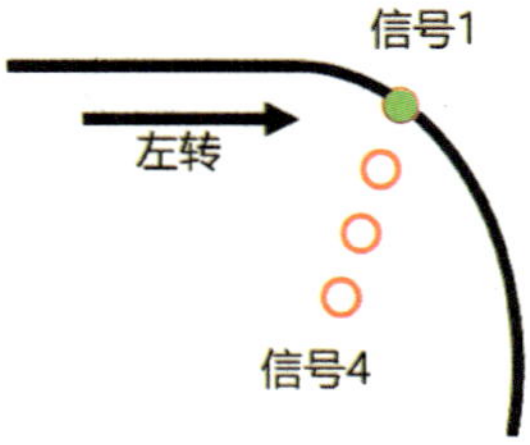

图 6－13　情况①

在智能车行驶过程中会遇到以下 3 种情况：

① 若信号 1 检测到黑线（0），智能车左转，如图 6－13 所示。

② 若信号 4 检测到黑线（0），智能车右转，如图 6－14 所示。

③ 若信号 1 和信号 4 都没有检测到黑线，则认为智能车行驶路线无偏离，保持直行，如图 6－15 所示。

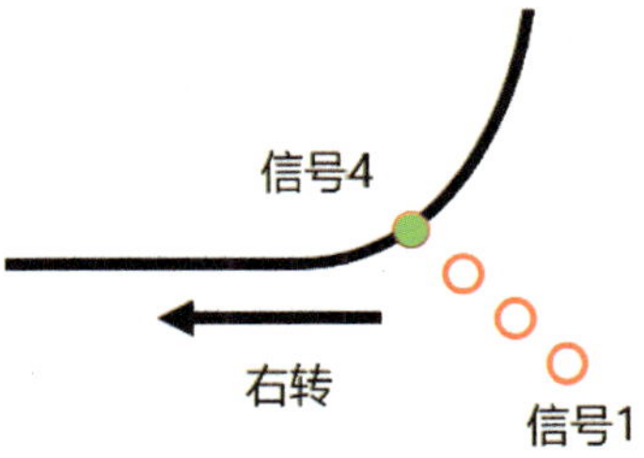

图 6－14　情况②

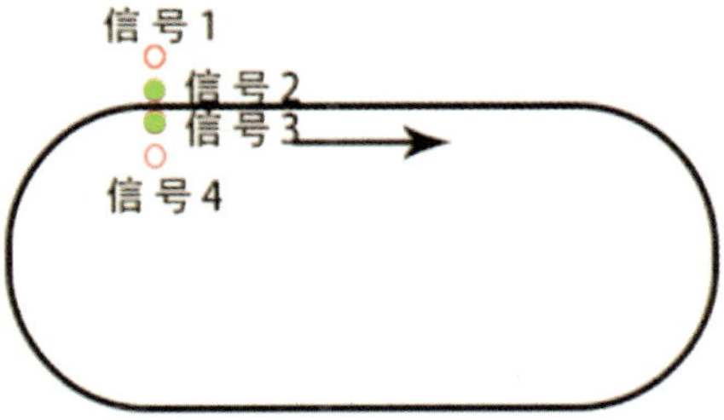

图 6－15　情况③

6.2.3　实战演练

1. 硬件连接

器材清单见表 6－4 所列。

表 6－4　器材清单

器材名称与数量	图　片	功能描述
智能车 ×1		
计算机 ×1		安装 Python3
macroUSB 数据线 ×1	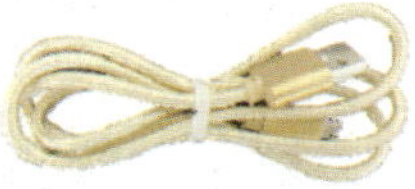	连接开发板与计算机，进行数据传输
寻迹传感器 ×1		检测预设路面标记线路，由反射式光电传感部件组成，可识别标线反光差异，为控制器提供偏差信号

续表 6 - 4

器材名称与数量	图　片	功能描述
传感器数据线 ×1		
连接螺丝 ×2		
螺丝刀 ×1		

图 6 - 16　连接寻迹传感器

① 连接数据线和寻迹传感器，如图 6 - 16 所示。

② 将寻迹传感器固定到智能车上，如图 6 - 17 所示。

③ 将数据线另一端插入开发板寻迹接口，如图 6 - 18 所示。

④ 完成图如图 6 - 19 所示。

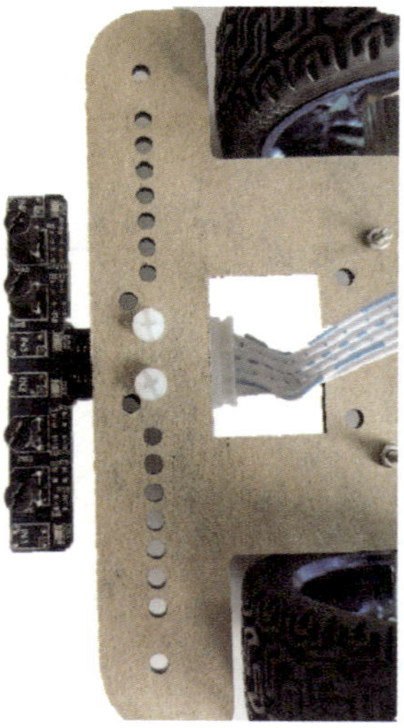

图 6 - 17　固定寻迹传感器

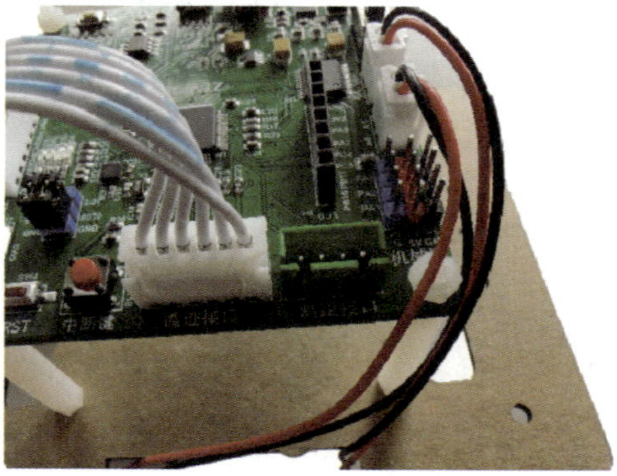

图 6 - 18　连接寻迹接口

2. 代码编写

寻迹传感器的函数：

图 6－19 完成图

```
＜变量名＞ = sensor.xun(n)
```

示例：

```
import sensor
#传感器上寻迹探头标识数字
x1 = sensor.xun(1)
x2 = sensor.xun(2)
x3 = sensor.xun(3)
x4 = sensor.xun(4)
#显示寻迹传感器 4 个寻迹探头的检测值
print('x1 的值',x1.value())
print('x2 的值',x2.value())
print('x3 的值',x3.value())
print('x4 的值',x4.value())
```

打开 IDLE，新建 Python 文件，编写任务代码。

核心代码如下：

```
#main.py -- 主程序
import car
import pyb
import sensor
#依次定义 4 个巡线探头
```

```
x1 = sensor.xun(1)
x2 = sensor.xun(2)
x3 = sensor.xun(3)
x4 = sensor.xun(4)
while True:
    #检测到黑线时寻迹模块相应的指示灯亮,返回值为 0
    #未检测到黑线时寻迹模块相应的指示灯灭,返回值为 1
    if (x1.value() == 0):
        car.left(10)
    elif (x4.value() == 0):
        car.right(10)
    else:
        car.go(20)
```

程序运行:

① 将代码文件另存为文件 main. py。

图 6 - 20　探头调节

② 将文件 main. py、car. py 和 sensor. py 复制到开发板内存根目录。

③ 拔下数据线,将智能车放在地图上,按下开发板红色“RST”键启动智能车。

④ 若智能车不能按巡线线路行驶,可转动寻迹传感器上的 4 个旋钮来调节探头精度,如图 6 - 20 所示,直到智能车能够正常巡线。

6.2.4　拓展延伸

商汤教育平台上也有智能车简单巡线的任务,我们可以通过商汤教育平台模拟智能车巡线的过程。

登录商汤教育平台(https://ai. laoshanedu. com),选择“人工智能入门(上)”模块,打开“第二章第 7 节用程序与小车对话: 简单循迹小车”,如图 6 - 21 所示。

光电传感器能够检测反射光的强度,反射光强度数值用函数 get_intensity( ) 表示:

① get_intensity( )＝0 表示检测到黑色区域。

② get_intensity( )＝255 表示检测到白色区域。

我们使用反射光数值 50 来区分黑色地面和红色轨迹线：get_intensity( )＞50 表示传感器位于红色轨迹线上方；get_intensity( )≤50 表示传感器位于黑色地面上方。

虚拟小车底盘下方带有 4 个光电传感器，我们可以只使用中间两个进行巡线。

① 定义编号为 1、2 的光电传感器。1 号传感器在红色轨迹线的左侧，定义变量名为 left；2 号传感器在红色轨迹线的右侧，定义变量名为 right。

代码如下：

```
left = get_intensity()[1]
right = get_intensity()[2]
```

虚拟小车　　巡线场地

图 6－21　商汤教育平台

② 如果左、右光电传感器都在黑色地面上方，则虚拟小车直行。

代码如下：

```
if left ≤50 and right ≤50:
    go(50,50,0.1)
```

③ 如果左光电传感器在红色轨迹线上方，则虚拟小车左转。

代码如下：

```
elif left > 50 and right ≤50:
    go((-20),40,0.1)
```

④ 如果右光电传感器在红色轨迹线上方，则虚拟小车右转。

代码如下：

```
elif right > 50 and left ≤50:
    go(40,(-20),0.1)
```

核心代码如下：

```
while inCurrentTask():
    left = get_intensity()[1]
    right = get_intensity()[2]
    if left ≤50 and right ≤50:
        go(50,50,0.1)
    elif left > 50 and right ≤50:
        go((-20),40,0.1)
    elif right > 50 and left ≤50:
        go(40,(-20),0.1)
```

注意：此代码须在商汤教育平台运行！

6.2.5 本节练习

利用刚刚编写的程序，尝试“8 字巡线图”（见图 6-22）等较为复杂的地图，观察智能车能否顺利巡线，如不能，尝试修改代码对巡线程序进行优化。

知识延伸：除了寻迹传感器，智能车还可利用二哈识图人工智能视觉传感器（见图 6-23）进行巡线，其功能比寻迹传感器更为强大。

图 6-22 8 字巡线图

图 6-23 二哈识图人工智能视觉传感器

二哈识图人工智能视觉传感器采用人工智能芯片内置机器学习技术，可识别多种目标物体，如人脸识别、物体识别和追踪、颜色识别、巡线和二维码标签识别等。

6.3　屏幕显示

6.3.1　情景展现

现在的汽车上都有一块显示汽车运行信息的显示屏，如图 6－24 所示。本节将介绍如何给智能车添加一块显示屏，让显示屏能够显示智能车运行的相关信息。

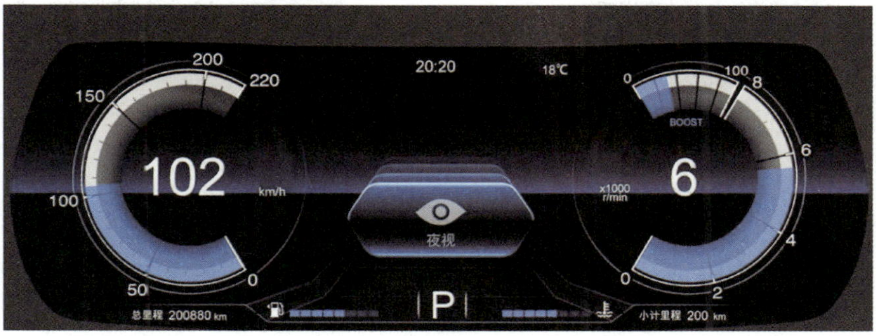

图 6－24　汽车显示屏

6.3.2　思考探索

本节用到的显示屏是一块 5.13 cm(1.54 寸)的 LCD 电子屏，使用时直接将电子屏针脚(见图 6－25)插在开发板接口上即可完成连接。

为了降低项目难度，编者提前对电子屏进行了初始化设置，并将其封装在库文件 lcd.py 中。编写代码时，在主程序中引用库文件(import lcd)，便可以很方便地调用电子屏函数。

关于库文件 lcd.py 的详细说明可在附录 D 中查阅。本任务只用到其中的一个函数 chars()，该函数的功能是在屏幕(x，y)坐标位置显示字符。chars( ) 函数语法格式如下：

```
chars('字符',x,y)
```

示例：

```
import pyb
import lcd
```

```
LCD = lcd.lcd()   # 定义 lcd 对象
# 在电子屏(60,70)位置显示字符
LCD.chars('car is running',60,70)
```

chars()函数只能显示英文字符，如果要显示数字，需要先用字符转换函数 str()将数字转换为字符；如果要显示中文，需要使用专门的字模转换软件将中文转换为 16 进制字符。

本节使用的电子屏是一个分辨率为 240×240 的方形屏幕，屏幕横向和纵向都有 240 个像素点，在确定显示字符位置时，可参考图 6－26。

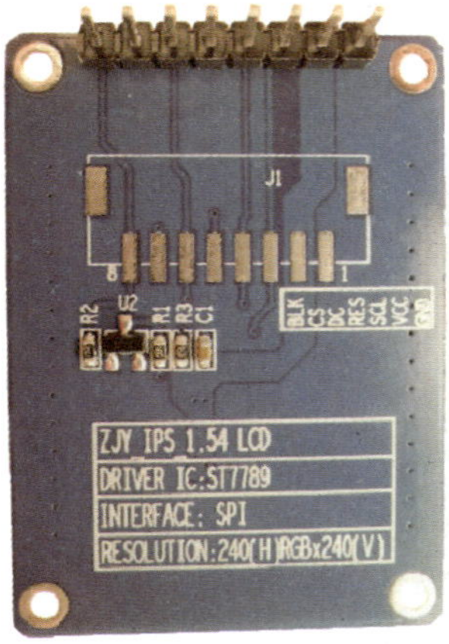

图 6－25　LCD 电子屏背面

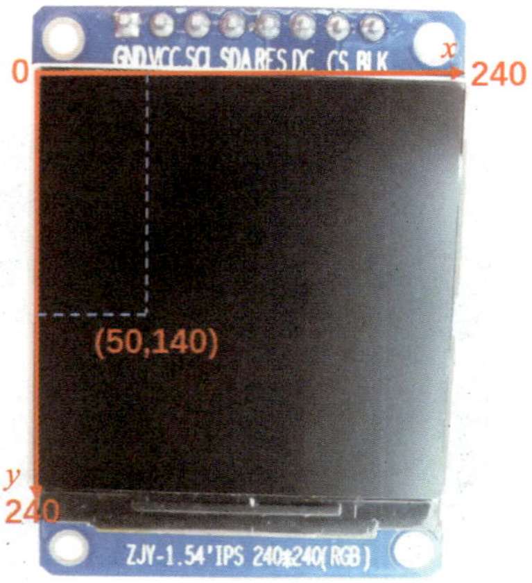

图 6－26　显示字符位置参考

6.3.3　实战演练

1. 硬件连接

器材清单见表 6－5 所列。

表 6－5　器材清单

器材名称与数量	图　片	功能描述
智能车 ×1		

续表 6－5

器材名称与数量	图　片	功能描述
计算机 ×1		安装 Python3
microUSB 数据线 ×1		连接开发板与计算机，进行数据传输
5.13 cm(1.54 寸)LCD 电子屏 ×1		

将电子屏插入开发板电子屏接口，如图 6－27 所示。

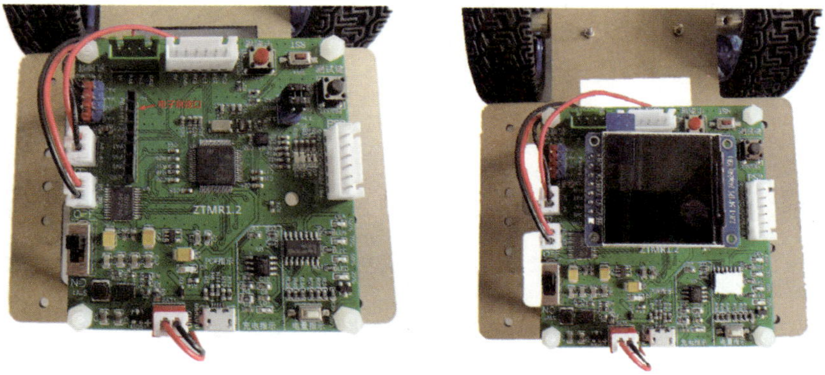

图 6－27　LCD 屏安装示意图

2. 代码编写

打开 IDLE，新建 Python 文件，编写任务代码。

核心代码如下：

```
import pyb
import car
import lcd
#对象实例化
lcd = lcd.lcd()   #lcd 屏
while True:
    speed = 50   #车速
    car.go(speed)   #直行
    pyb.delay(200)
    #屏幕显示
    lcd.char('speed is',60,70)          #在屏幕(60,70)位置显示字符
    str_speed = str(speed)              #先将数字转换为字符
    lcd.chars(str_speed,60,170)         #在屏幕(60,170)位置显示速度值
```

程序运行：

① 将代码文件另存为文件 main. py。

② 将文件 main. py、car. py 和 lcd. py 复制到开发板内存根目录。

③ 拔下数据线，按下开发板红色“RST”键启动智能车。

④ 查看显示屏显示的信息。

6.3.4 拓展延伸

我们还可以通过编程让电子屏显示更多的信息，下面的代码是在电子屏上显示超声波传感器测量的距离值。

核心代码如下：

```
import pyb
import sensor
import lcd
#对象实例化
csb = sensor.Ultrasonic()           #超声波传感器
lcd = lcd.lcd()   #lcd 屏
while True:
    d = csb.distance()              #得到距离值
    str_d = str(d) + 'cm'           #转为字符格式,并带单位
    #屏幕显示
    lcd.chars(str_d,60,170)         #在屏幕(60,170)位置显示距离值
```

6.3.5 本节练习

优化显示效果：使用 round() 函数，让超声波测量的距离值（保留两位小数）在屏幕上显示。

项目实践 6 倒车雷达

情景展现

倒车雷达（见图 6－28）是汽车倒车或停车时的安全辅助装置，由探头、蜂鸣器（或显示器）等组成。在倒车时，倒车雷达能够帮助司机“看见”后视镜里看不见的东西，提高驾驶安全性。

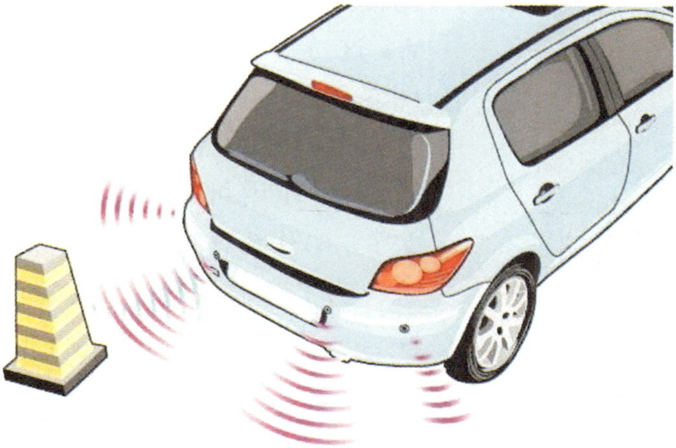

图 6－28 倒车雷达示意图

思考探索

在本项目中，超声波传感器和蜂鸣器被结合在一起，当超声波传感器测出的距离小于设定值时，触发蜂鸣器发出报警声。

蜂鸣器能够将电信号转换为声音输出。需要说明的是，在智能车套装中没有预装蜂鸣器，如果要完成本项目，可通过购物网站搜索蜂鸣器（型号 MH－FMG），如图 6－29 所示，自行购买。

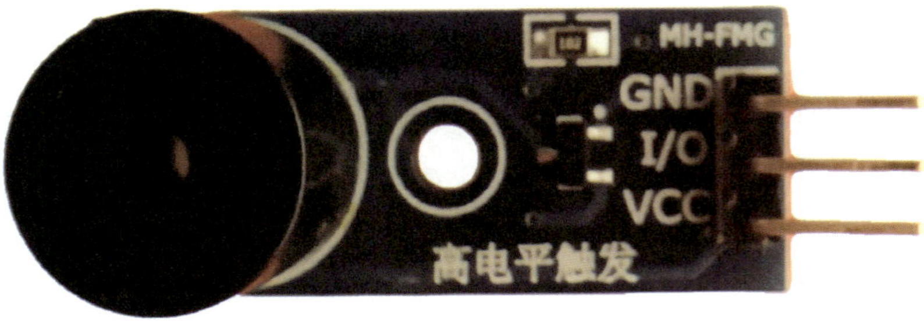

图 6－29　蜂鸣器

MH－FMG 型蜂鸣器有 3 个引脚，在引脚旁边标注有引脚名称，分别是 GND、I/O、VCC。

GND 和 VCC：这 2 个引脚用于给传感器供电，GND 是负极，VCC 是正极。

I/O：用于触发蜂鸣器。

图 6－30　接口示意图

开发板没有为蜂鸣器设置对应的接口，要将蜂鸣器连接到开发板上，需要借用其他设备的接口。我们借用机械臂接口中的 GND、5V、A3 这 3 个引脚作为蜂鸣器的对应接口，如图 6－30 所示。

因为蜂鸣器与机械臂接口的引脚线序不一致，这里使用可以调整线序的 3 连杜邦线（见表 6－6）作为连接线。

为了降低项目难度，编者在传感器库文件 sensor. py 中对蜂鸣器进行了初始化设置，在项目中可直接调用相关函数。

蜂鸣器函数：

```
<变量> = sensor.buzzer(<引脚>)
```

示例：

```
import pyb
import sensor
#蜂鸣器实例化，引脚 A3
fengming = sensor.buzzer('A3')

#蜂鸣器每隔 0.5 s 发出声音
```

```
fengming.on()
pyb.delay(500)
fengming.off()
pyb.delay(500)
```

实战演练

1. 硬件连接

器材清单见表 6－6 所列。

表 6－6　器材清单

器材名称与数量	图　片	功能描述
智能车 ×1	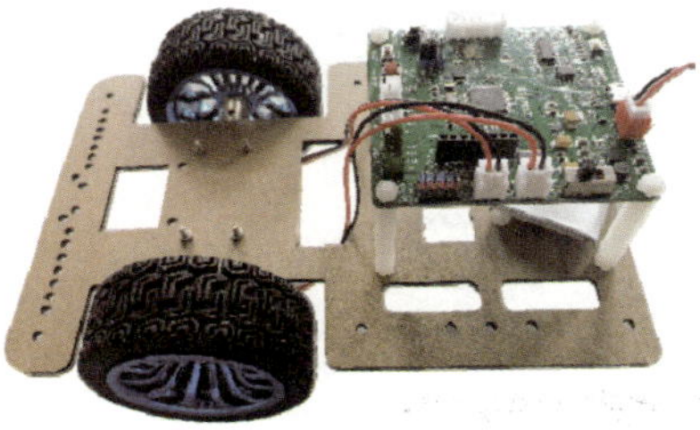	
计算机 ×1		安装 Python3
macroUSB 数据线 ×1		连接开发板与计算机，进行数据传输
超声波传感器 ×1		
超声波扩展模块 ×1	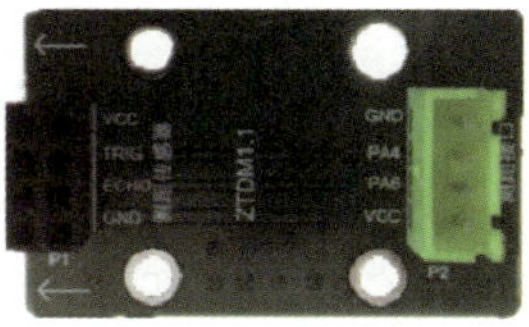	连接开发板和超声波传感器

续表 6-6

器材名称与数量	图　片	功能描述
连接螺丝 ×1		
传感器连接线 ×1		
蜂鸣器 ×1	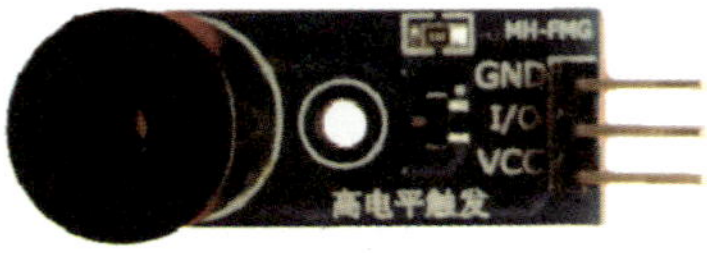	智能车套装中不含，需自行购买
3 连杜邦线 ×1		智能车套装中不含，需自行购买
固定螺丝 ×1		
螺丝刀 ×1		

① 将 3 连杜邦线依次插入开发板绿机械臂接口 GND、5V、A3 引脚，如图 6-31 所示。

图 6-31　连接示意图

② 按图 6-32 所示线序，将 3 连杜邦线另一端插入蜂鸣器的 3 个引脚。

③ 将蜂鸣器固定到智能车上，如图 6-33 所示。

④ 将超声波传感器从智能车前面移到智能车后面，这里只使用一个螺丝固定。

图 6－32　引脚线序

图 6－33　固定蜂鸣器

⑤ 将智能车通过数据线连接到计算机，打开开发板电源。

2. 代码编写

打开 IDLE，新建 Python 文件，编写任务代码。

核心代码如下：

```
#main.py --主程序!
import pyb
import car
import sensor   #引用 sensor.py
#超声波传感器实例化，默认引脚，参数可不写
csb = sensor.Ultrasonic()
```

```
# 蜂鸣器实例化,引脚 A3
fengming = sensor.buzzer('A3')
# 超声波传感器与障碍物距离<15 cm,蜂鸣器报警
while True:
    d = csb.distance()   # 超声波开始测距
    # 如果超声波传感器与障碍物距离<15 cm,则智能车停车,蜂鸣器每隔 0.5 s 响 10 ms
    if d < 15:
        car.stopdj()
        fengming.on()
        pyb.delay(10)
        fengming.off()
```

程序运行：

① 将代码文件另存为文件 main.py。

② 将文件 main.py、car.py 和 sensor.py 复制到开发板内存根目录。

③ 拔下数据线，将智能车放在平整开阔的地面，按下开发板红色“RST”键。

④ 在避障智能车后方放置书本作为障碍物，调整障碍物与智能车的距离，观察倒车雷达能否正常工作。

本节练习

修改代码，使智能车后退时，蜂鸣器及智能车运行状态如表 6－7 所列。

表 6－7　超声波传感器与障碍物的距离、蜂鸣器及智能车运行状态的关系

超声波传感器与障碍物的距离 d/cm	智能车运行状态	蜂鸣器
$d>25$	后退，速度 40	不响
$15<d\leqslant 25$	后退，速度 20	间隔 0.5 s 响 10 ms
$d\leqslant 15$	停止	一直响

项目实践 7　智能环境噪声监测系统

情景展现

ZTMR 是一款功能强大的开源硬件开发板，除了可以用它来搭建自动行驶的

智能车外，我们还可以利用它制作各种各样有趣好玩的智能设备。

下面我们就用它小试牛刀，制作一个实用有趣的智能环境噪声监测系统。

思考探索

为了给在校学生提供安静的学习环境，使学生在楼道内、教室内轻声交流，不大声喊叫，不在楼道内打闹，本项目通过对学校各区域进行噪声监测，然后进行数据分析，实现区域语音提醒和区域管理，提升学校整体管理水平。

当走廊某个区域的噪声超过设计标准值时，噪声传感器会监测到，进而音响设备发出语音提醒，让学生保持安静，遵守纪律。本项目通过智能开发板、噪声传感器、编程设计、大数据采集与分析，实现了智能环境噪声监测系统的功能。所用器材如图 6－34 所示。

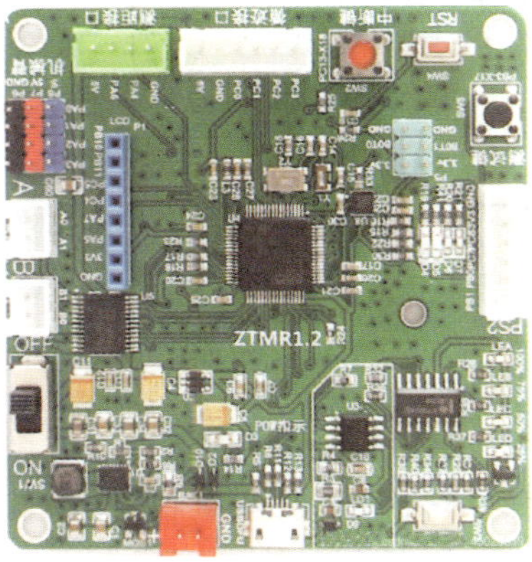

(a) 智能开发板

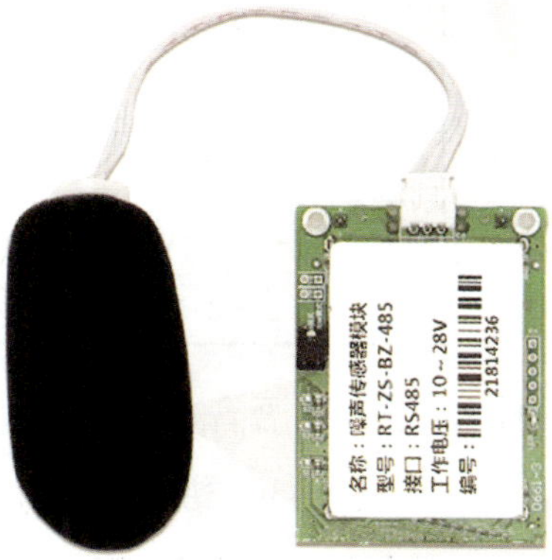

(b) 噪声传感器

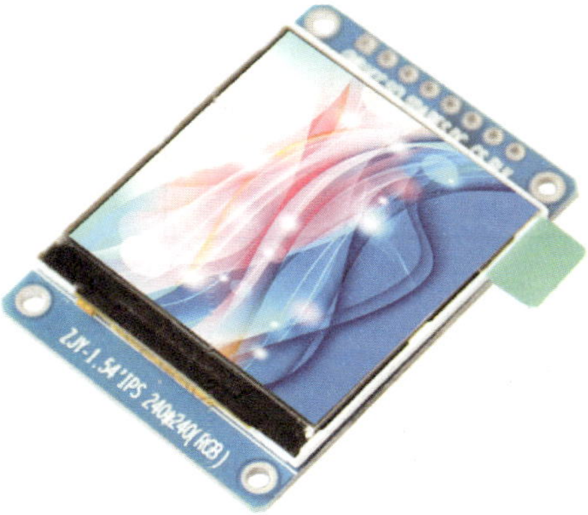

(c) 液晶屏

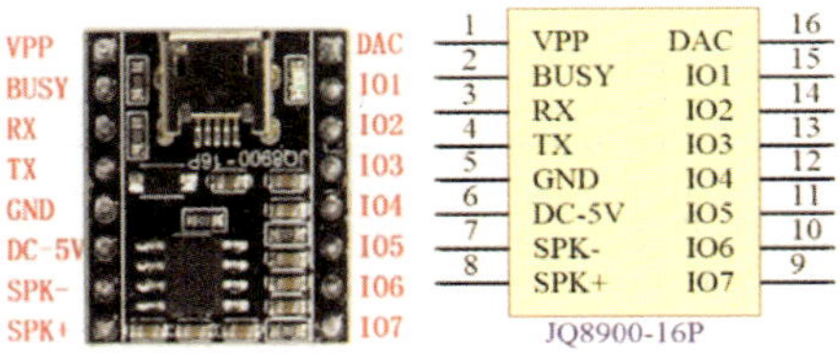

(d) 语音模块

图 6－34　所用器材

实战演练

1. 硬件连接

将所用器材按图 6－35 所示进行连接。当噪声大于 50 dB 时，智能环境噪声监测系统播放语音提醒。

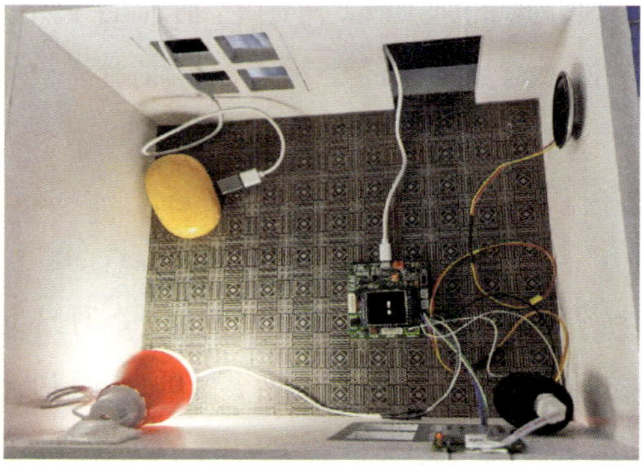

图 6－35 智能环境噪声监测系统

① 用杜邦线连接噪声传感器模块与开发板模块（见表 6－8）。

表 6－8 噪声传感器模块与开发板模块之间的引脚连接关系

噪声传感器模块引脚	开发板模块引脚
TXD	PA3
RXD	PA2
5V	5V
GND	GND

② 用杜邦线连接语音模块与开发板模块（见表 6－9）。

表 6－9 语音模块与开发板模块之间的引脚连接关系

语音模块引脚	开发板模块引脚
BUSY	PA4
IO3	PA0
5V	5V
GND	GND

③ 用杜邦线连接语音模块与喇叭模块（见表 6－10）。

表 6－10 语音模块与喇叭模块的连接关系

语音模块	喇叭模块
SPK＋（语音模块）	喇叭红线
SPK－（语音模块）	喇叭黑线

2. 代码编写

核心代码如下：

```
#噪声模块 + 语音播报 + 屏
import time
from pyb import SPI,Pin,UART,delay,LED
from ztst7789class import ST7789
from utime import sleep_us

import tt32

# - - - - - - - - - - -TFT 屏 pin 定义
TFT_RST_PIN = Pin('C4')
TFT_LED_PIN = Pin('B10')
TFT_DC_PIN = Pin('C5')
TFT_CS_PIN = Pin('B11')
TFT_CLK_PIN = Pin('A5')
TFT_MISO_PIN = Pin('A6')
TFT_MOSI_PIN = Pin('A7')

busy = Pin('A4',Pin.IN)
#busy.value(0)
do = Pin('A0',Pin.OUT_PP)
#do(1)

bl = Pin(TFT_LED_PIN,Pin.OUT)
LCD = None
u2 = UART(2,baudrate = 9600)

barray = bytearray([0x01,0x03,0x00,0x00,0x00,0x01,0x84,0x0A])  #问询帧

def lcdinit():                                      #初始化函数
    global LCD
    bl.value(1)                                     #屏幕背光打开
    spi = SPI(1,SPI.MASTER,baudrate = 7800000,polarity = 0,phase = 0)
    LCD = ST7789(spi,cs = Pin(TFT_CS_PIN),dc = Pin(TFT_DC_PIN),rst = TFT_RST_PIN)
```

```

lcdinit()                                #初始化
def  color565(r,g,b):                    #255 255 255
    return (r & 0xf8) << 8 | (g & 0xfc) << 3 | b >> 3

LCD.erase()
while True:
    LCD.set_font(tt32)
    do.value(1)
    u2.write(barray)
    delay(1000)
    if(u2.any()):
        u2by = u2.read()                 #返回的是答应帧的内容
        aa = u2by
        fenbei = int.from_bytes(aa[3:5],'big')       #高位在前转换
        fenbei = fenbei/10               #转换成 10 进制
        print("dB",fenbei)               #工具看的 可以注销
        LCD.chars(str(fenbei) + "  dB  ",70,100)
        #噪声大于 65 dB 触发语音播报(触发值可以改,请根据实际情况修改)
        if fenbei > 65:
            LED(1).on()
            do(1)
            delay(100)
            do(0)
            delay(300)
            while busy.value() == 1:
                delay(200)
            do(1)
            fenbei = 0
            delay(500)
        else:
            LED(1).off()
```

拓展延伸

噪声超过多少分贝会影响人的健康?

噪声污染是城市环境的一大公害,国外早就出现了"噪声病"一词。世界卫生

组织最近进行的全世界噪声污染调查认为，噪声污染已经成为影响人们身体健康和生活质量的严重问题。

世界卫生组织研究表明，当室内的持续噪声超过 30 dB 时，人的正常睡眠就会受到干扰，而持续生活在 70 dB 以上的噪声环境中，人的听力及身体健康都会受到影响。

噪声对人体健康的危害是多方面的，容易受到关注的是它对听力的损害。噪声会引起耳部不适，如耳鸣、耳痛和听力下降。若在 80 dB 以上的噪声环境中生活，耳聋者概率可达 50%。

除此之外，噪声还会损伤心血管、神经系统等。长期在噪声中，特别是夜间在噪声中生活的冠心病患者，心肌梗死的发病率会增加。噪声的心理效应多反映在噪声影响人的休息、睡眠和工作，从而使人感到烦躁、萎靡不振，影响工作效率。

对于正处于生长发育阶段的婴幼儿来说，噪声危害尤其明显。经常处在嘈杂环境中的婴儿不仅听力会受到损伤，智力发展也会受到影响。

（资料来源：http://jingyan.39.net/exp/714780.html）

附录 A　Python 软件及相关模块的下载和安装

A.1　Python 软件的下载和安装

要想使用 Python 进行编程，需要先在计算机上安装 Python。Python 是一款开源免费的编程软件，可以从 Python 官网(https://www.python.org/downloads)下载，如图 A-1 所示。

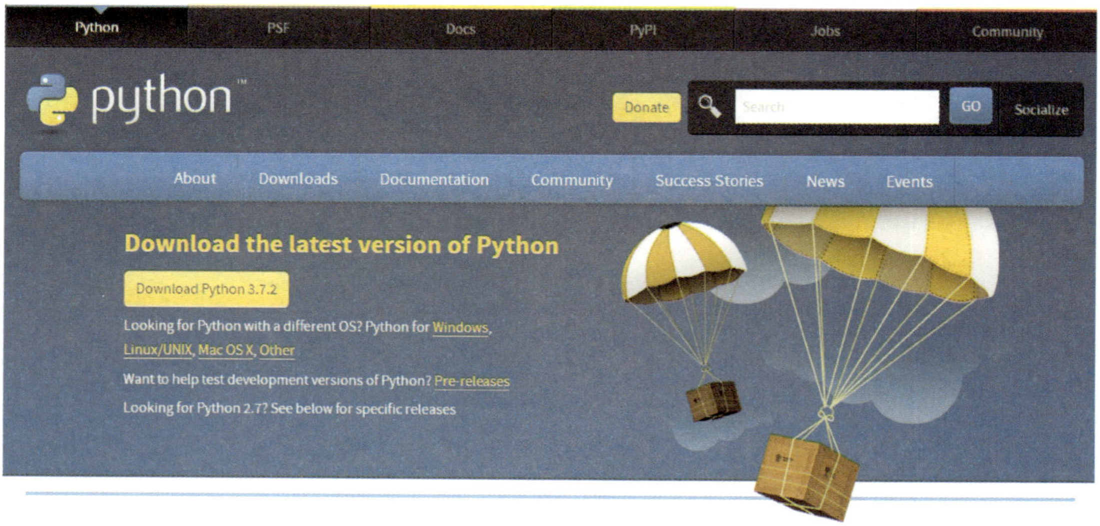

图 A-1　Python 的网页下载界面

Python 的安装很简单，下载 Python 安装包到本地计算机后，双击安装包，进入 Python 安装向导界面，如图 A-2 所示，选中下方的"Add Python 3.7 to PATH"，然后单击"Install Now"，使用默认的设置一直单击"下一步"直到安装完成为止。

Python 安装完成后，便可以在计算机上编写、运行 Python 程序了。编写 Python 代码需要使用编辑代码软件，IDLE 是 Python 自带的一个集成开发环境，初

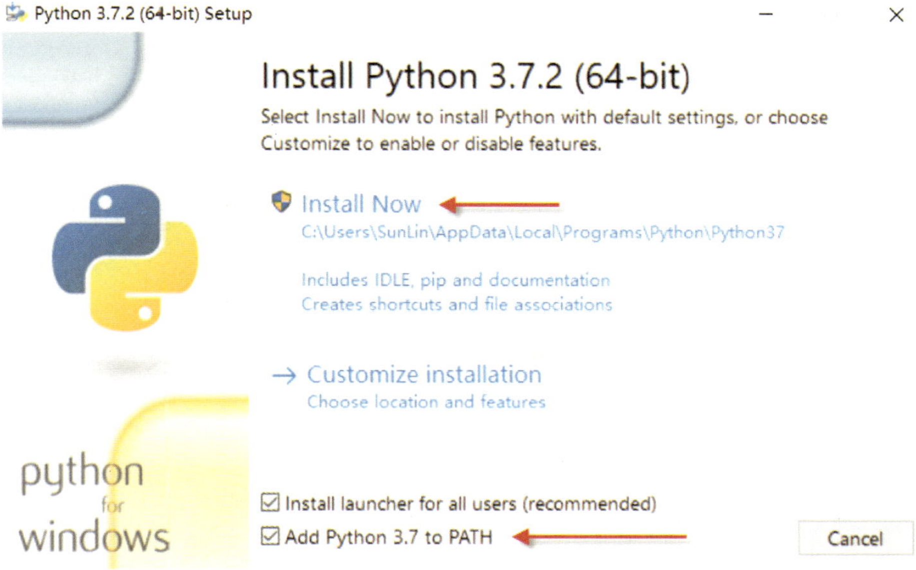

图 A－2　Python 的安装向导界面

学者可以利用它方便地创建、运行、测试和调试 Python 程序。IDLE 是我们学习 Python 之路上最重要的伙伴，让我们先来认识一下这位重要的伙伴吧。

在开始菜单的所有程序中找到 Python 3.7 分组，单击其下面的“IDLE (Python 3.7 64-bit)”选项，如图 A－3 所示，就可以打开 IDLE，如图 A－4 所示。

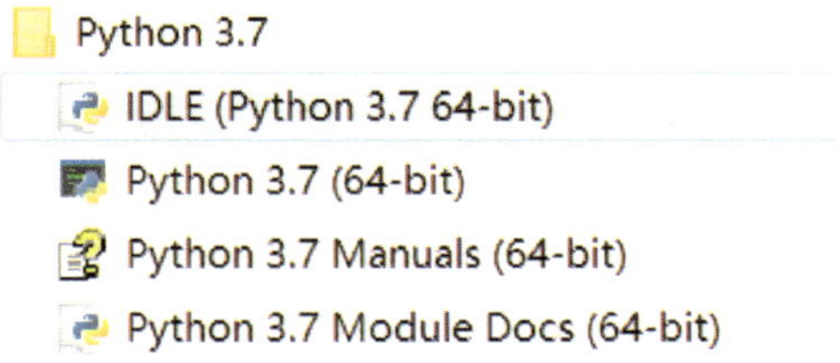

图 A－3　开始菜单 Python 列表

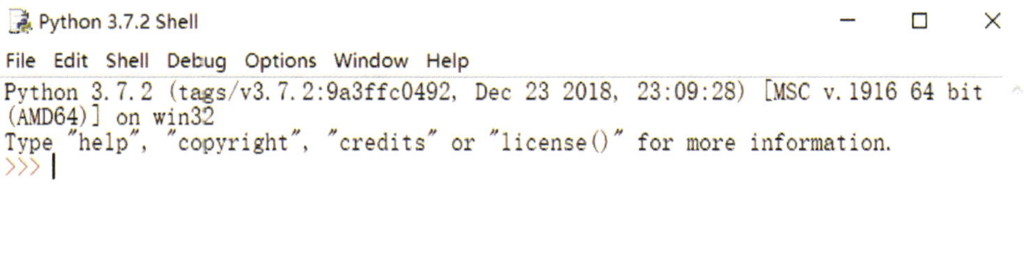

图 A－4　IDLE 界面

选择 IDLE 界面左上角的 File→New File 菜单项，如图 A－5 所示，就会打开一个新的窗口，这就是 IDLE 的文件式编程窗口，如图 A－6 所示。

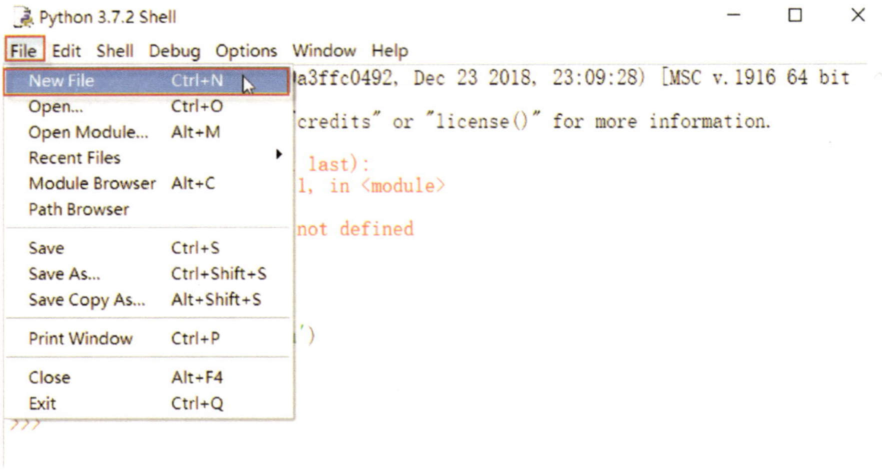

图 A－5 选择 File→New File 菜单项

在文件式编程窗口中能够一次输入多行代码，如图 A－7 所示。

代码输入完成后，选择窗口左上角的 File→Save(保存)或者 Save As…(另存为)菜单项来保存完成的文件，如图 A－8 所示。

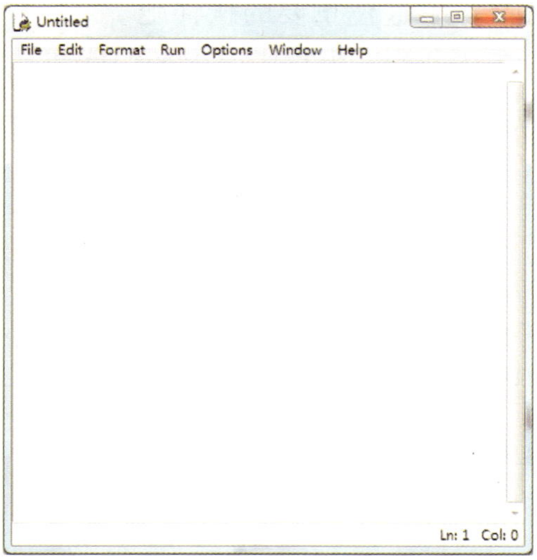

图 A－6 IDLE 的文件式编程窗口

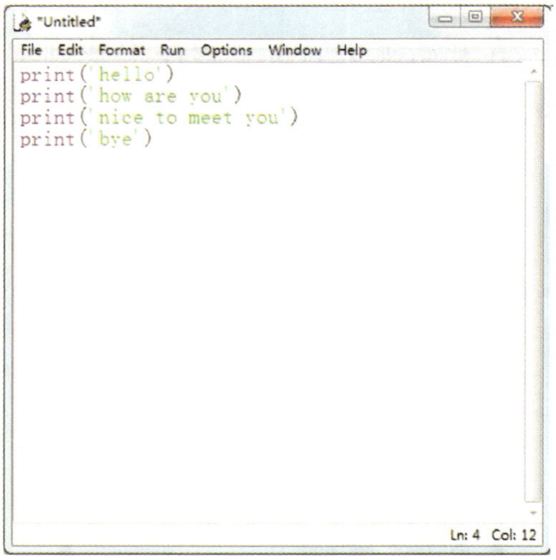

图 A－7 在窗口中输入代码

在弹出的另存为对话框中，选择保存位置，输入文件名，单击“保存”按钮保存文件，如图 A－9 所示。

注意：为了防止在代码编写过程中出现死机、断电的情况，我们一定要养成勤保存的习惯，这是千万编程者用惨痛经历换来的宝贵经验！

文件保存成功后，就可以通过选择菜单栏上的 Run(运行)→Run Module(运行模块)菜单项来运行程序，如图 A－10 所示。

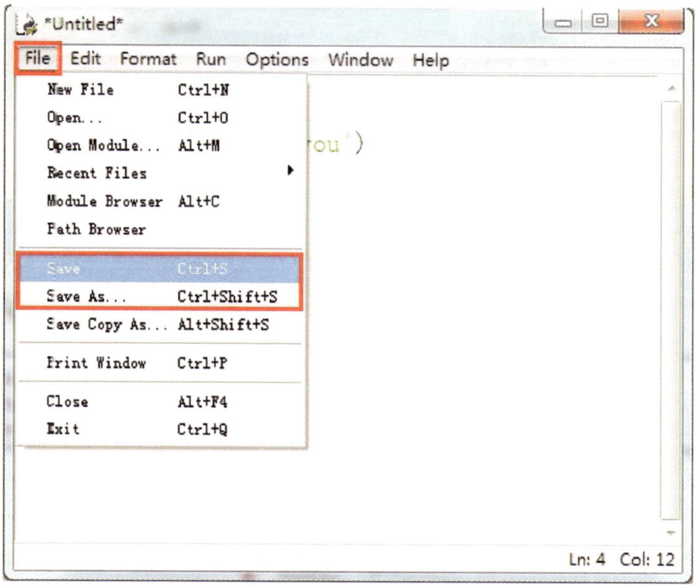

图 A－8　保存文件的过程

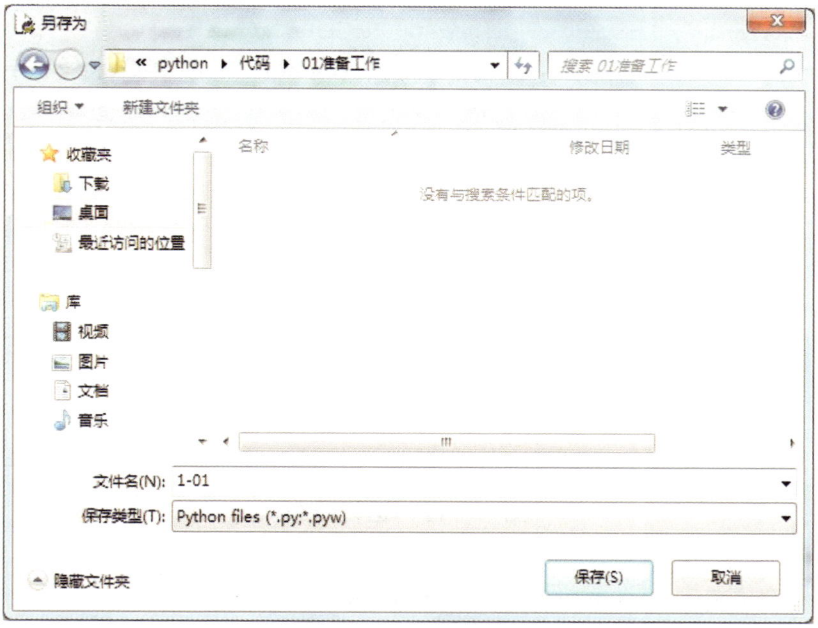

图 A－9　另存为对话框

在交互式窗口中会看到代码运行的结果，如图 A－11 所示。

保存在计算机中的 Python 文件，以.py 作为扩展名，图标是 Python 标志性的两条蟒蛇，如图 A－12 所示。

要想再次编辑之前保存的 Python 文件，需要先打开 IDLE，选择窗口左上角的 File→Open(打开)菜单项，找到之前的文件保存路径，打开保存的 Python 文件。

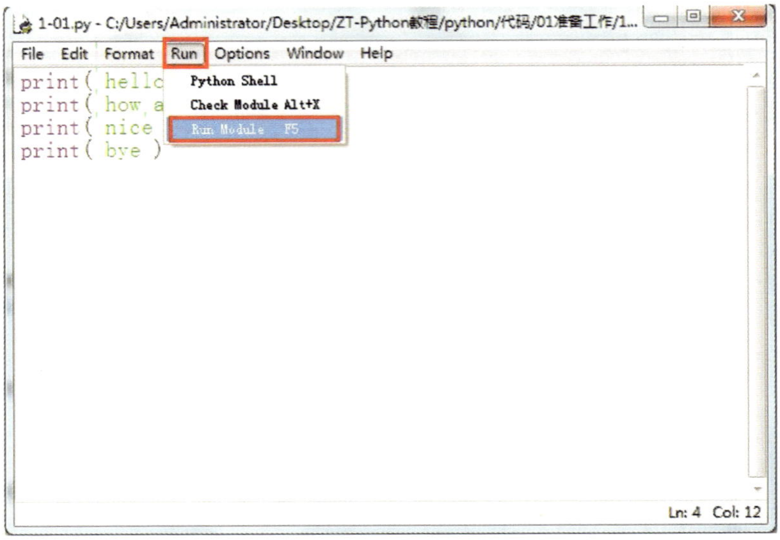

图 A－10　运行菜单列表

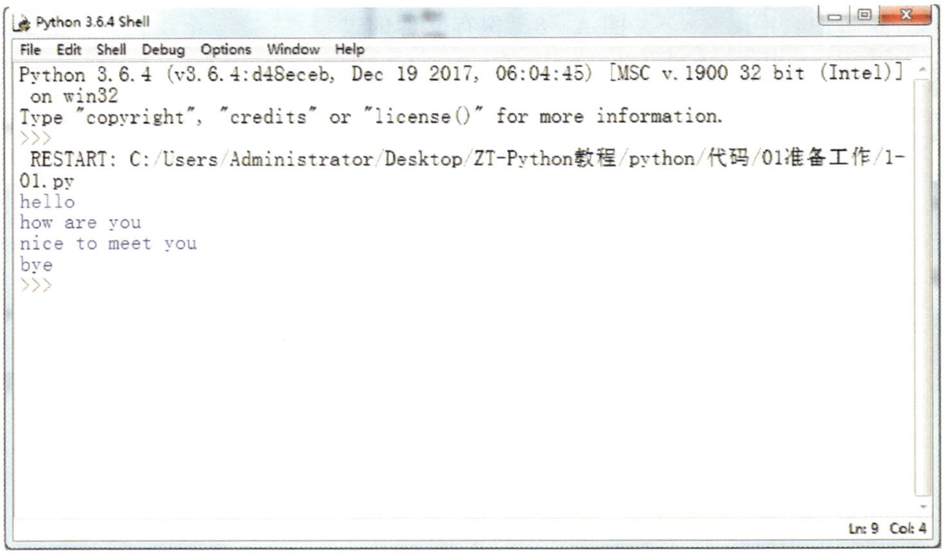

图 A－11　运行结果

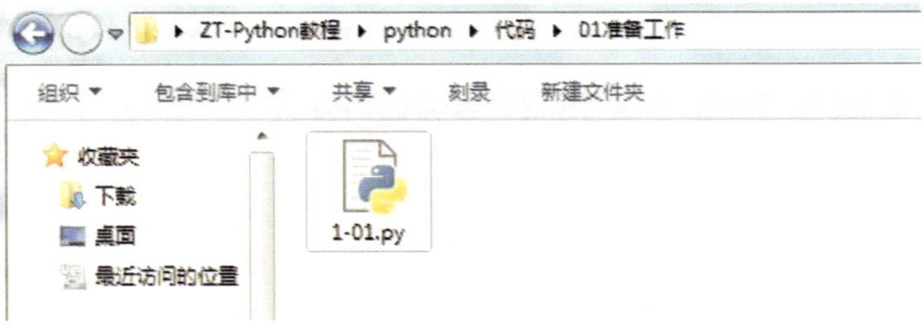

图 A－12　保存的 Python 文件

A.2　相关模块的下载和安装

在本书中会用到 Python 的相关模块，模块安装方法如下：

① 在计算机联网状态下，按下“Win+R”键，打开运行窗口，输入“cmd”，如图 A-13 所示，单击“确定”按钮，打开命令提示符窗口，如图 A-14 所示。

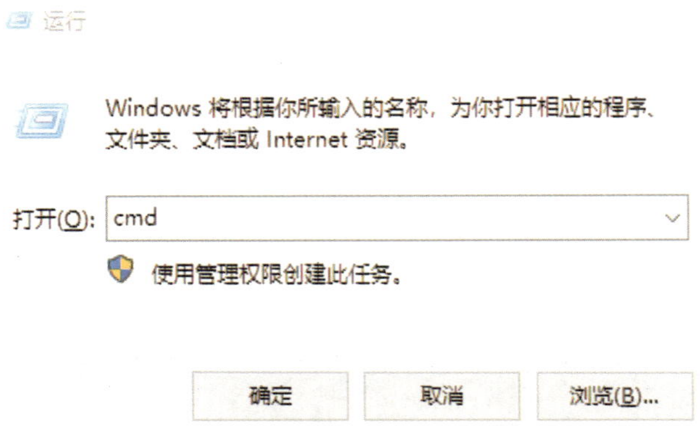

图 A-13　Windows 运行窗口

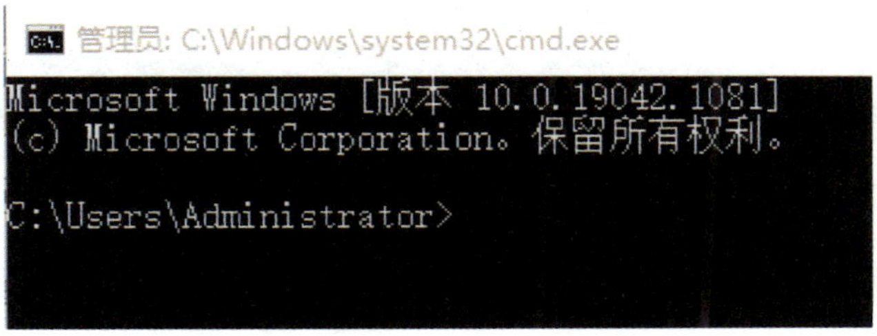

图 A-14　命令提示符窗口

② 在命令行输入安装指令：

```
pip install 模块名称
```

③ 按回车键开始安装。如：

```
pip install jieba
```

当然，在安装模块的时候，也可能会出现错误，如图 A-15 所示。

问题分析：

图 A-15 中出现错误是由于 pip 版本较低。

解决方法：

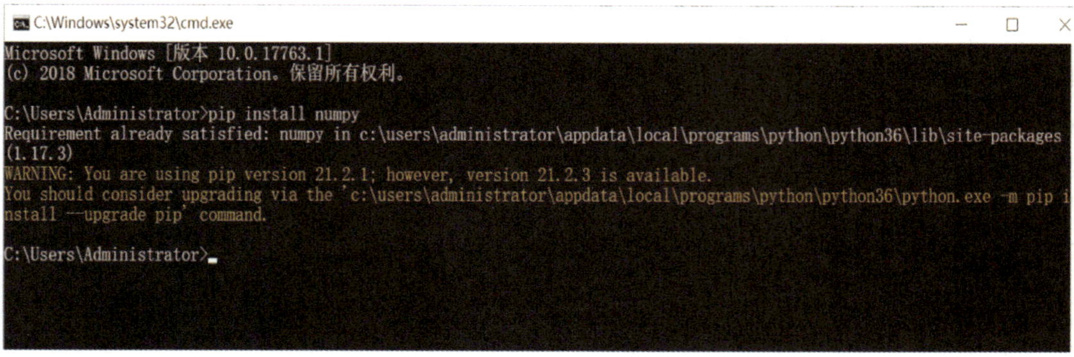

图 A-15　出现错误的界面

在命令行输入指令：

```
pip install - - upgrade pip
```

对 pip 进行升级，如图 A-16 所示。

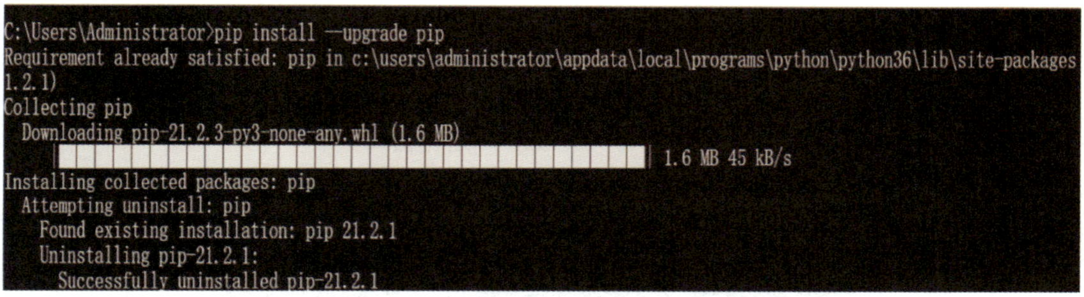

图 A-16　pip 升级的过程

还有一种错误可能是模块下载到一半，界面突然出现一串红色的错误信息。

问题分析：

网络不稳定。

解决方法：

调试网络，然后重新输入安装语句：

```
pip install 模块名称
```

可以多尝试几次。

本书所涉及的相关模块的快速安装方法如下：

① 快速安装 OpenCV-Python 模块，可以依次输入以下命令：

```
pip install - - upgrade setuptools
pip install opencv - python
```

如果 OpenCV-Python 模块的安装速度很慢，可以使用镜像下载安装。它的速度非常快，只需将命令修改如下：

```
pip install opencv - python  - i https://pypi.douban.com/simple/
```

也可以使用以下方法安装：

(a) 打开本书配套课程资源中相对应的安装文件，如图 A－17 所示。

(b) 双击文件“pip 更新. bat”，运行安装。

(c) 双击文件“OpenCV-Python. bat”，运行安装 OpenCV-Python 模块。

图 A－17　安装资源程序

在第 1 章中需要调用以上模块。

② 快速安装 nltk 模块，安装命令为 pip install nltk。在 2.2 节中需要调用此模块。

nltk 模块安装成功之后，还要下载相应的软件包才能正常使用模块里面的函数。运行 Python，输入下面的指令：

```
import nltk
    nltk.download()
```

这将打开 nltk 下载器来选择需要安装的软件包，如图 A－18 所示。使用者可以选择安装所有的软件包，因为它们的容量不大，所以不会有什么问题。

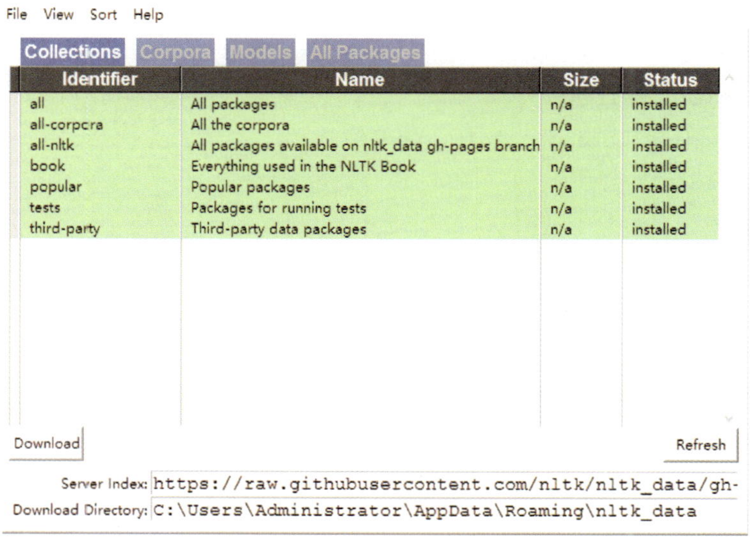

图 A－18　nltk 下载器

如果 nltk. download()下载软件包失败，可以按照本书课程资源中的方法下载并安装软件包。

③ 快速安装 jieba 模块，安装命令为 pip install jieba。在 2.3 节和 2.4 节中需要调用此模块。

④ 快速安装情感分析工具 SnowNLP 模块，安装命令为 pip install snownlp。在项目实践 2 中需要调用此模块。

⑤ 快速安装 wordcloud 模块，安装命令为 pip install wordcloud。在项目实践 3 中需要调用此模块。

⑥ 快速安装 googletrans 模块，安装命令为 pip install googletrans。在 3.2 节中需要调用此模块。

⑦ 快速安装 pywin32 扩展库、speech 模块。依次输入以下代码安装：

```
pip install pywin32
pip install speech
```

在第 4 章中需要调用此模块。

speech 是从 Python2 系列就开始支持的，对应 Python3 的版本没有适配好，存在一些兼容性的问题。对于 Python3 版本，需要在安装完 speech 模块后修改 speech.py 文件，该文件路径在“...\Python37\Lib\site-packages”下。打开 speech.py 文件，修改如下：

(a) line59：将 import thread 改成 import threading。

(b) line157：将 print prompt 改成 print(prompt)。

(c) 最后的函数_ensure_event_thread 修改如下：

```
class T(threading.Thread):
    def __init__(self):
        threading.Thread.__init__(self)
    def run(self):
        pass

def _ensure_event_thread():
    """
    Make sure the eventthread is running, which checks the handlerqueue
    for new eventhandlers to create, and runs the message pump.
    """
    global _eventthread
    if not _eventthread:
        def loop():
            while _eventthread:
                pythoncom.PumpWaitingMessages()
```

```
                if _handlerqueue:
                    (context,listener,callback) = _handlerqueue.pop()
            # Just creating a _ListenerCallback object makes events
            # fire till listener loses reference to its grammar object
                    _ListenerCallback(context, listener, callback)
                time.sleep(.5)
        _eventthread = T()
        _eventthread.start()
```

第一次启用语音识别需要进行设置：进入控制面板，开启语音识别模块，如图 A－19 所示。

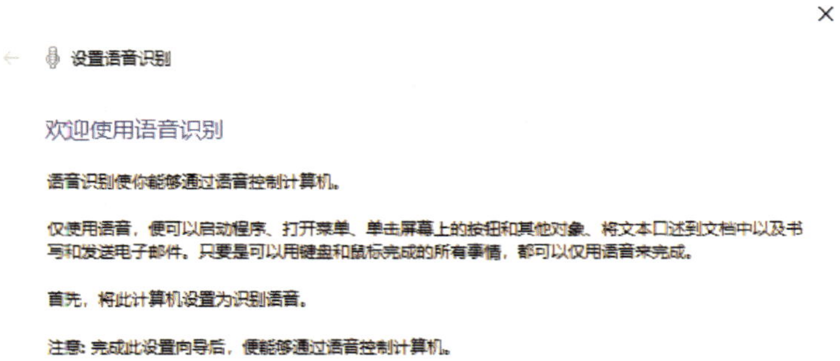

图 A－19　开启语音识别模块

检查模块运行情况：新建一个 new. py 文件，输入以下代码并运行，如图 A－20 所示。

```
#导入模块
import speech
while True:
    print("单击麦克风开始说话")
    say = speech.input()          #接收语音
    print("你说的是：" + say)     #显示识别结果
```

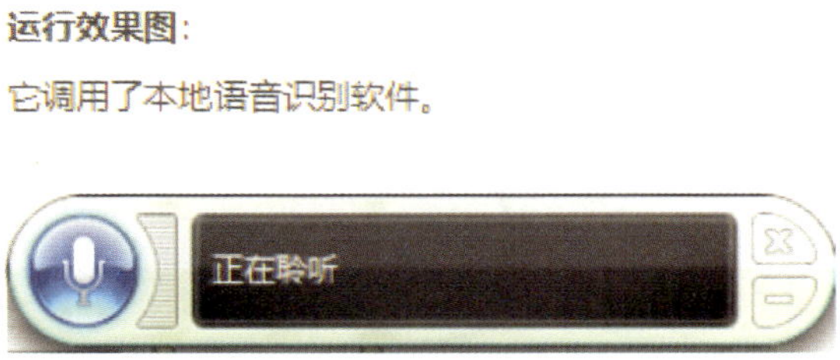

图 A－20　调用本地语音识别软件

附录 B　智能车搭建与运行

B.1　智能车搭建

器材清单见表 B-1 所列。

表 B-1　器材清单

器材名称与数量	图　片	功能描述
结构板 ×1	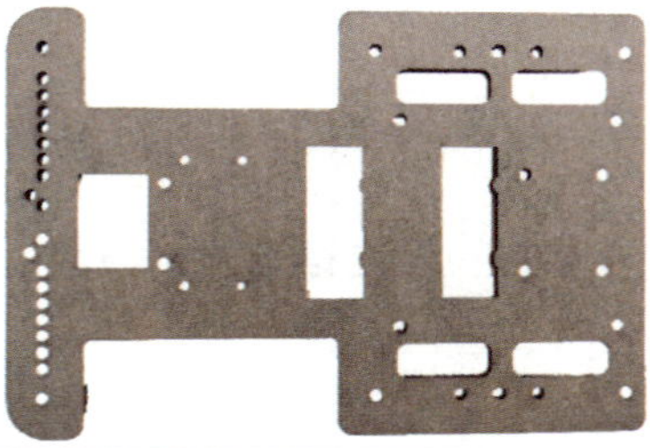	车身主体，是智能车的骨骼
ZTMR 开发板 ×1	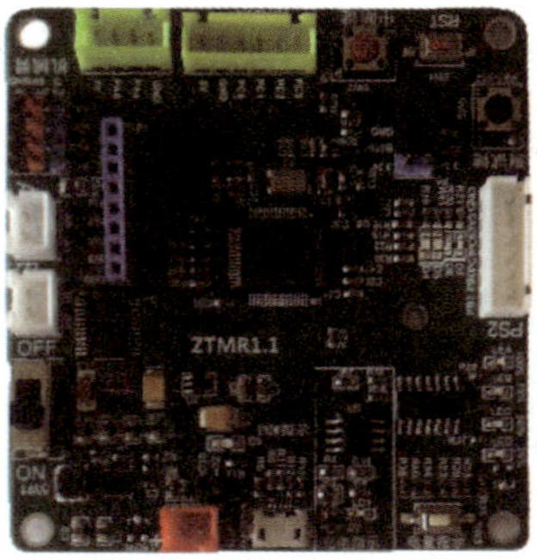	它是智能车的大脑，控制智能车运行
电动机 ×2		

续表 B－1

器材名称与数量	图　片	功能描述
电动机连接件 ×2	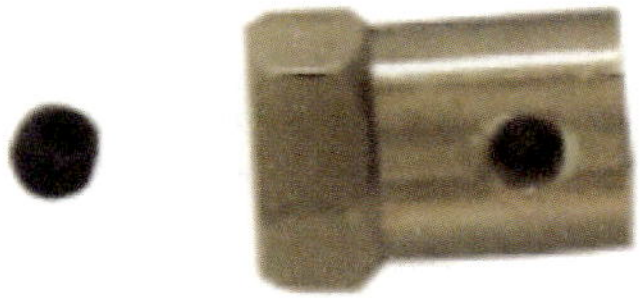	
车轮 ×2		
万向轮 ×1		
锂电池 ×1	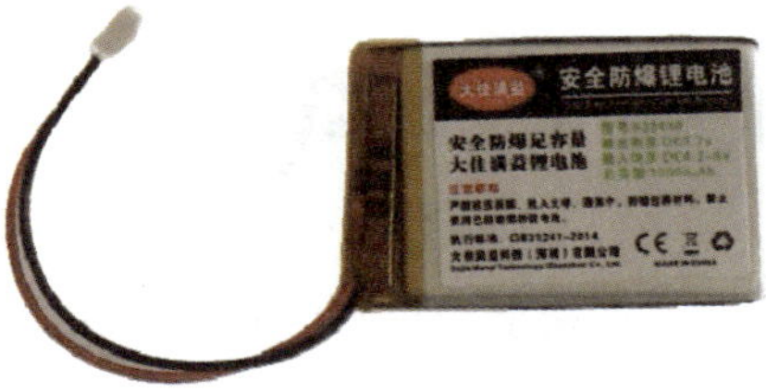	为智能车提供能源
电动机固定件 ×2		
车轮固定螺丝 ×2		
固定螺丝 ×12	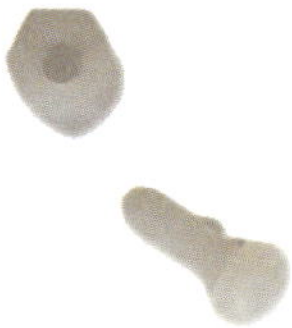	
3×8 螺柱 ×4		
3×20 螺柱 ×4		

续表 B－1

器材名称与数量	图　片	功能描述
3×35 螺柱 ×4		
内六角扳手 ×1		
螺丝刀 ×1		

① 用内六角扳手将电动机和电动机连接件连接起来，如图 B－1 所示。

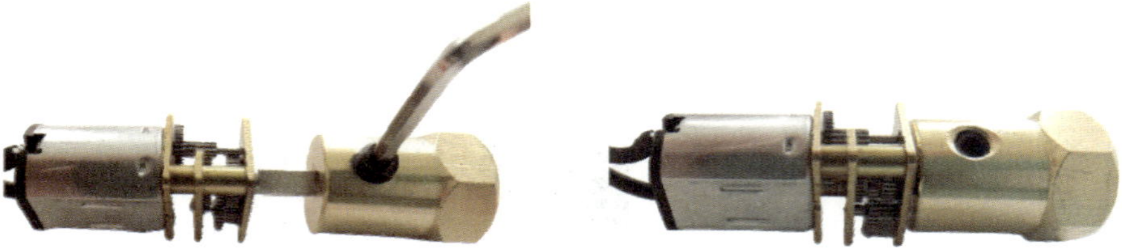

图 B－1　连接电动机和电动机连接件

② 将电动机固定到结构板上，如图 B－2 所示。

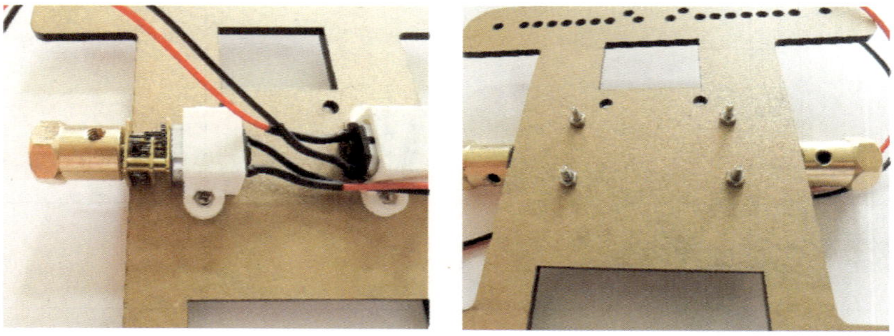

图 B－2　固定电动机

③ 安装轮胎，如图 B－3 所示。

④ 安装万向轮，如图 B－4 所示。

注意：*电动机和万向轮都在结构板下方。*

⑤ 安装电池，如图 B－5 所示。

⑥ 安装 ZTMR 开发板，如图 B－6 所示。

图 B-3　安装轮胎

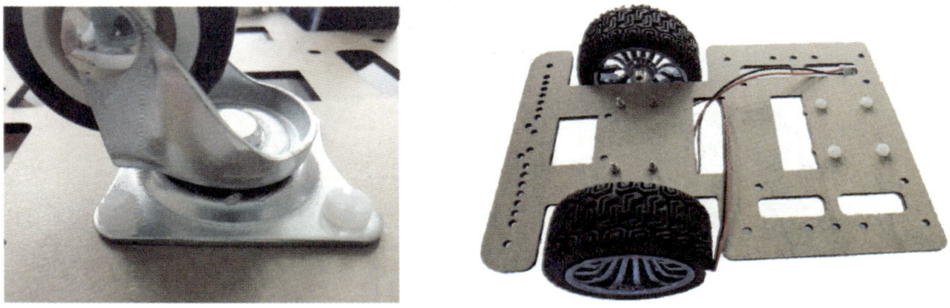

图 B-4　安装万向轮

图 B-5　安装电池

图 B-6　安装 ZTMR 开发板

⑦ 线路连接：右电动机连接到开发板 A 接口，左电动机连接到开发板 B 接口，如图 B－7 所示。

图 B－7　线路连接

⑧ 完成图如图 B－8 所示。

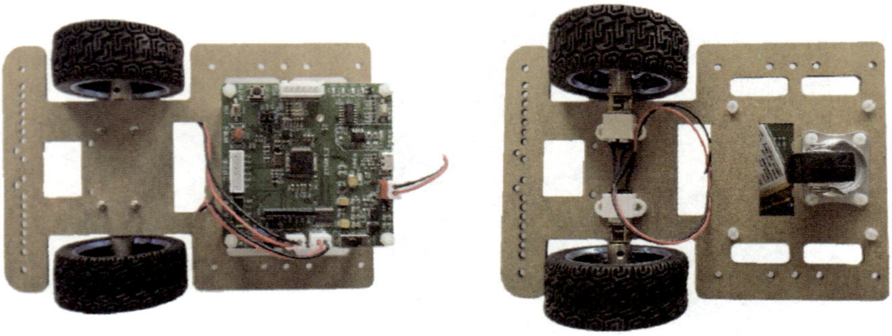

(a) 正　面　　　　(b) 背　面

图 B－8　完成图

B.2　智能车运行

1. 连接开发板

将开发板通过 microUSB 数据线连接到计算机，如图 B－9 所示。打开开发板电源，板上绿色 LED 灯亮起又熄灭，表示开发板自检完成。

打开“我的电脑”，会发现一个名为“PYBFLASH”的可移动磁盘，如图 B－10 所示，这是开发板的存储空间。打开“PYBFLASH”磁盘，可以看到磁盘里面有 4

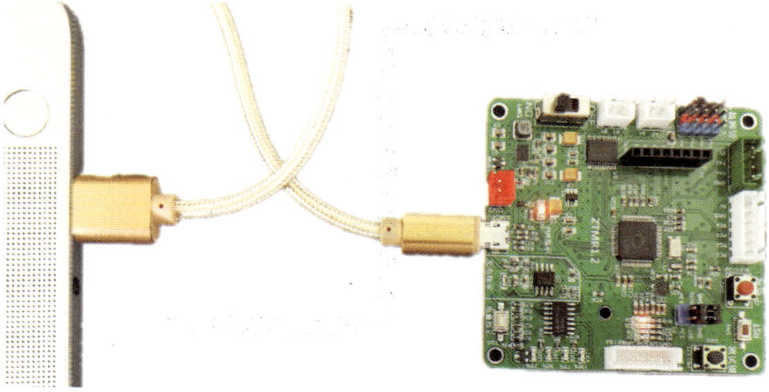

图 B-9 连接开发板与计算机

个文件，如图 B-11 所示。这 4 个文件的功能见表 B-2 所列。

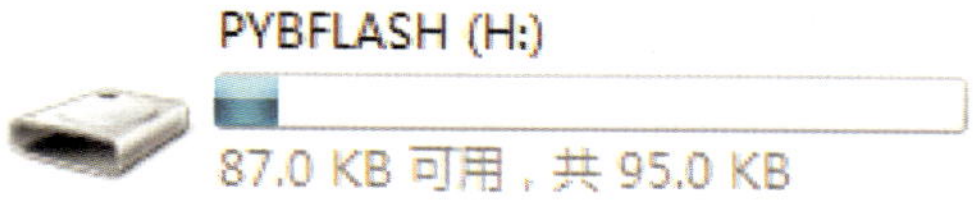

图 B-10 可移动磁盘

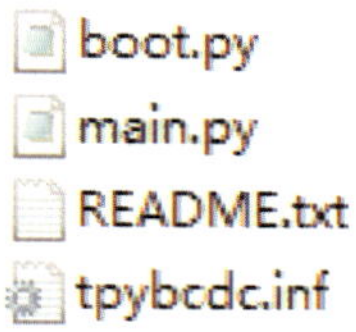

图 B-11 磁盘内的文件

表 B-2 磁盘内的文件及其功能

文件名称	说　明
boot. py	开机引导文件，由它来加载默认运行的程序文件(默认是 main. py)，它还可以设置板子的模式，比如当作鼠标、键盘等
main. py	默认开发板运行的程序文件，主要依照文件 boot. py 设置
README. txt	关于开发板的介绍，以及一些帮助信息
tpybcdc. inf	开发板的驱动文件，用于和计算机之间的串口通信

2. 代码编写

下面代码的作用是控制智能车按照图 B-12 所示的任务线路运行。

核心代码如下：

```
#main.py --主程序
import pyb
from car import Car

#在此处下方调用控制函数实现智能车运行
```

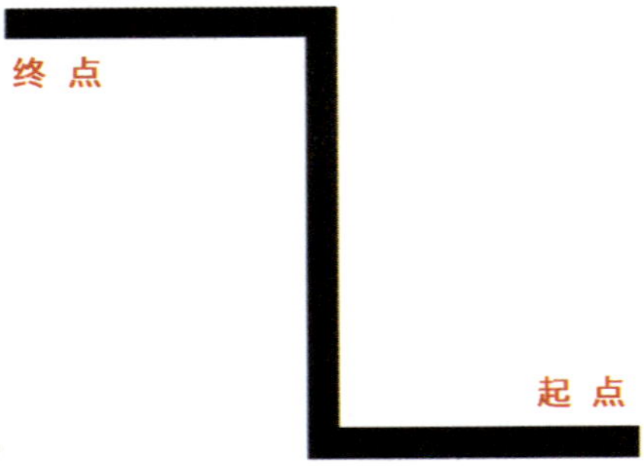

图 B－12　任务线路

```
#!!! 下面各函数的速度和时间参数仅供参考,须根据场地情况进行调整!!!
# ***************************************************************

#直行
Car.go(30)
pyb.delay(2200)

#右转
Car.right(30)
pyb.delay(2300)

#直行
Car.go(30)
pyb.delay(2000)

#左转
Car.left(30)
pyb.delay(2300)

#直行
Car.go(30)
pyb.delay(2200)

#停止
Car.stopdj()
```

3. 程序运行

① 将代码文件另存为文件 main. py。

② 将文件 main. py 和 car. py(资源包 1-2/code/car. py)复制到开发板内存根目录(开发板在保存程序时,会亮起板载的红色 LED 灯,大约 2 s 后熄灭)。

③ 拔下数据线,将智能车放在任务线路起点位置。

④ 按下开发板上的红色"RST(复位)"键(见图 B－13)重启开发板,观察智能车行进路线。

图 B－13 RST 键

⑤ 若智能车偏离路线,则修改代码后重复步骤①～④,直到智能车能够按照任务线路行进。

4. 智能车运行指令

搭建的智能车左、右前轮分别连接在一个减速电动机上,左前轮连接的电动机称为左电动机,右前轮连接的电动机称为右电动机。通过控制左、右电动机的转动、停止、转动方向、转动速度,实现智能车的运行、停止、前进、后退、转向、变速。

通过开发板控制电动机运行需要对电动机的连接引脚定义等进行初始化设置。为了降低项目难度,编者提前对智能车电动机进行了初始化设置,并将电动机前进、后退、左转、右转、停止等运行状态封装在库文件 car. py 中。编写代码时,只要在主程序中引用库文件 car. py(import car from Car),便可以很方便地调用这些状态函数。

在开始编写代码前,大家需要记住几个控制智能车运行状态的函数:

```
Car.go(speed)             #前进
Car.back(speed)           #后退
Car.stopdj(speed)         #停止
Car.left(speed)           #左转
Car.right(speed)          #右转
Car.ydleft(speed)         #原地左转
Car.ydright(speed)        #原地右转
pyb.delay(ms)             #运行时间(ms)
```

下面的代码是让智能车以 40 的速度前进 2 000 ms(1 s=1 000 ms,下文都按 s 计算)。

```
#以 40 的速度前行 2 s
Car.go(40)
delay(2000)
Car.stopdj()        #停止
```

需要注意的是，在智能车运行结束后一定要加上停止函数 Car. stopdj()，让智能车停下来，否则智能车会一直运行下去。

下面的代码，其本来的目的是让智能车先以 100 的速度直行 2 s，再以 40 的速度后退 3 s。但因为其最后没有停止函数 Car. stopdj()，智能车会一直后退，直到电量耗光。

```
#以 100 的速度前行 2 s
Car.go(100)
delay(2000)

#以 40 的速度后退 3 s
Car.back(40)
delay(3000)
```

正确的代码：

```
#以 100 的速度前行 2 s
Car.go(100)
delay(2000)

#以 40 的速度后退 3 s
Car.back(40)
delay(3000)

Car.stopdj()        #停止
```

附录 C　传感器模块 sensor. py

下面是 ZTMR 开发板能够连接使用的部分传感器的调用函数，使用者可以视情况使用。

C. 1　超声波传感器的调用函数

超声波传感器如图 C－1 所示。

图 C－1　超声波传感器

(1) 功　能

对超声波传感器进行初始化设置，获取传感器的测距值。

(2) 类　名

```
sensor.Ultrasonic()
```

(3) 属　性

p_trig：trig 引脚。

p_echo：echo 引脚。

(4) 方　法

```
distance()      #返回测得距离(cm)
```

(5) 示　例

```
import sensor

#传感器接在开发板默认测距接口,参数可为空
csb = sensor.Ultrasonic()
csb.distance()

#传感器接在开发板自定义接口
csb = sensor.Ultrasonic('C1','C2')      #trig 引脚接 'C1',echo 引脚接 'C2'
csb.distance()
```

C.2　寻迹传感器的调用函数

寻迹传感器如图 C-2 所示。

图 C-2　寻迹传感器

(1) 功　能

对红外寻迹模块进行初始化设置。寻迹传感器上有 4 个红外探头，当它感应到传感器反射回来的红外光时，对应指示灯亮，输出 1；没有红外光时，指示灯不亮，输出 0。

(2) 函数名

```
<变量> = senscr.xun(n)
```

(3) 属　性

n：传感器上标识数字。

(4) 方　法

```
value()      #数值，检测到红外光为 1，未检测到红外光为 0
```

(5) 示　例

```
import sensor

#传感器上寻迹探头标识数字
xj1 = sensor.xun(1)
xj2 = sensor.xun(2)
xj3 = sensor.xun(3)
xj4 = sensor.xun(4)

#显示寻迹传感器 4 个寻迹探头的检测值
print('xj1 的值 ',xj1.value())
print('xj2 的值 ',xj2.value())
print('xj3 的值 ',xj3.value())
print('xj4 的值 ',xj4.value())
```

C. 3　蜂鸣器的调用函数

蜂鸣器如图 C－3 所示。

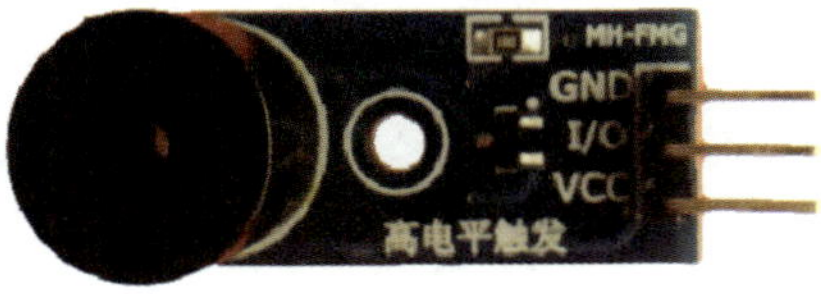

图 C－3　蜂鸣器

(1) 功　能

对 MH－FMG 蜂鸣器模块进行初始化设置，控制蜂鸣器声响。

(2) 类　名

```
sensor.buzzer()
```

(3) 属　性

pin：I/O 引脚。

(4) 方　法

```
on()      #开始蜂鸣
off()     #停止蜂鸣
```

(5) 示　例

```
import sensor
import pyb

#蜂鸣器接在开发板 A3 接口
fm = sensor.buzzer('A3')

#蜂鸣器每隔 1 s 响 10 ms
while True:
    fm.on()
    pyb.delay(10)
    fm.off()
    pyb.delay(1000)
```

C.4　人体红外传感器的调用函数

人体红外传感器如图 C－4 所示。

(1) 功　能

对 HC－SR501 人体红外传感器进行初始化设置，人进入其感应范围输出 1，人离开其感应范围输出 0。

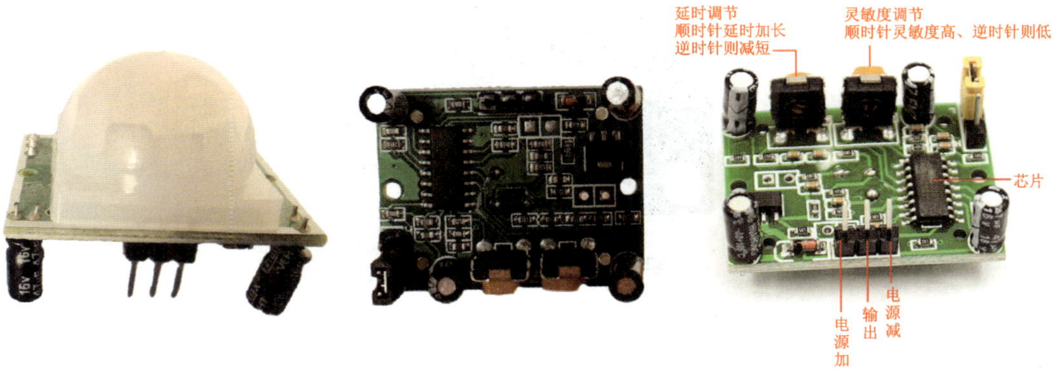

图 C－4　人体红外传感器

(2) 类　名

```
sensor.rthw()
```

(3) 属　性

pin：I/O 引脚。

(4) 方　法

```
value()      # 数值，检测到人为 1，未检测到人为 0
```

(5) 示　例

```
import sensor

# 传感器 I/O 引脚接在开发板 A3 接口
rt = sensor.rthw('A3')

# 根据 value 值判断是否检测到人
if rt.value == 1:
    print('有人')
if rt.value == 0:
    print('无人')
```

C.5　RGB 3 色模块的调用函数

RGB 3 色模块如图 C－5 所示。

图 C-5　RGB 3 色模块

(1) 功　能

对 KY-009 3 色全彩 LED SMD 模块进行初始化设置,实现 3 色亮灯、关灯效果。

(2) 类　名

```
sensor.RGB_led()
```

(3) 属　性

pin_r: R 引脚。

pin_g: G 引脚。

pin_b: B 引脚。

(4) 方　法

```
red()          #红灯亮
green()        #绿灯亮
blue()         #蓝灯亮
off()          #关灯
```

(5) 示　例

```
import sensor
import pyb
#传感器 R、G、B 引脚接在开发板 A3、A2、A1 接口
rgb = sensor.RGB_led('A3','A2','A1')

#红灯亮 2 s
rgb.red()
pyb.delay(2000)

#绿灯亮 2 s
```

```
rgb.green()
pyb.delay(2000)

#蓝灯亮 2 s
rgb.blue()
pyb.delay(2000)

#关灯
rgb.off()
```

C.6　温湿度传感器的调用函数

温湿度传感器如图 C-6 所示。

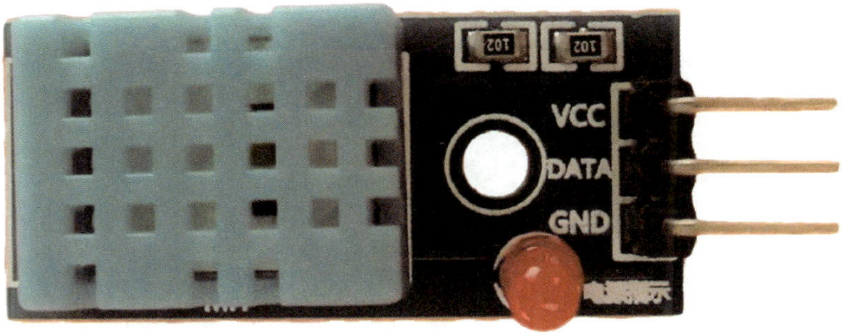

图 C-6　温湿度传感器

(1) 功　能

对 DHT11 温湿度传感器进行初始化设置，返回周围环境的温度值和湿度值。

(2) 类　名

```
sensor.DHT11()
```

(3) 属　性

pin：DATA 引脚。

(4) 方　法

```
measure()            #开始温湿度数据采集
humidity() #返回湿度值，单位：相对湿度(RH 指空气中水汽压与饱和水汽压的百分比)
temperature()        #返回温度值，单位：℃
```

(5) 示　例

```
import sensor
import pyb
#传感器 DATA 引脚接在开发板 A3 接口
wsd = sensor.DHT11('A3')

wsd.measure()   #开始测量环境温湿度
print('当前环境湿度值：',wsd.humidity())
print('当前环境温度值：',wsd.temperature())
```

C.7　麦克风传感器的调用函数

麦克风传感器如图 C－7 所示。

图 C－7　麦克风传感器

(1) 功　能

对高感度麦克风传感器 KY－037 进行初始化设置，使其能检测到声音。

接 DO 引脚，当环境声音强度达到某个阈值时，输出高电平信号(value＝1)；否则，输出低电平信号(value＝0)。

使用时须根据环境情况转动金色螺丝调整检测阈值(灵敏度)。顺时针：提高灵敏度；逆时针：降低灵敏度。

(2) 函数名

```
sensor.microphone(DO)
```

(3) 参　数

DO：开发板连传感器 DO 引脚。

(4) 方　法

```
value()      #I/O引脚内置方法,数值,检测到声音为1,未检测到声音为0
```

(5) 示　例

```
import pyb
import sensor
OUT = sensor.microphone('A3')
while True:
print(OUT.value())                       #打印电平值
    pyb.delay(50)                        #0.05 s采集一次
    if OUT.value() == 1:                 #电平为1,即声音超过阈值,灯亮
        pyb.LED(2).on()
        pyb.delay(2000)
    else:                                #电平为0,即声音未超过阈值,灯灭
        pyb.LED(2).off()
```

附录 D　显示屏模块 lcd. py

显示屏如图 D－1 所示。

图 D－1　显示屏

(1) 功　能

对 5.13 cm(1.54 寸)液晶屏 ST7789 进行初始化设置。屏幕背景颜色，字体颜色、大小已设好，初始化后也可调用方法自定义设置。

(2) 函数名

```
lcd.lcd()
```

(3) 函数说明

lcd()函数返回设置好的 ST7789 对象，ST7789 在 ztst7789class 模块中，ztst7789class 模块内置在开发板固件中。

调用 lcd()函数后，可直接使用 ST7789 对象的属性和方法。

(4) 方 法

```
lcd()                                          # 初始化，说明：默认为 lcdinit()
erase()                                        # 清屏：更改完后须重启开发板
chars(text,x,y)                                # 文字，x 轴坐标，y 轴坐标(英文字体)
set_color(fg,bg)                               # 显示彩色文字 RGB565：前景色，背景色
set_pos(x,y)                                   # 从此坐标开始显示：x 为横坐标，y 为纵坐标
print                                          # 输出英文字体，和 set_pos 连用
fill_rectangle(self, x, y, w, h, color = None)  # 实心矩形：x 坐标，y 坐标，宽，高，颜色
vline(self, x, y, length, color)               # 竖线：x 坐标，y 坐标，长度，颜色
hline(self, x, y, length, color)               # 横线：x 坐标，y 坐标，长度，颜色
rect(self, x, y, w, h, color = None)           # 矩形：x 坐标，y 坐标，宽，高，颜色
line(self, x0, y0, x1, y1, color)              # 直线：起点坐标 x0,y0；终点坐标 x1,y1
set_color(color565(r,g,b),color565(r,g,b))     # rgb：0,0,0，前景色，背景色
draw_cn(text,x,y,a)                            # 字号：16px；text：文字；x：x 坐标；y：y 坐标；a：间距
draw_zh20_str(text,x,y,a)                      # 字号：20px；text：文字；x：x 坐标；y：y 坐标；a：间距
set_color(color565(R,G,B),color565(R,G,B))     # 前景色、背景色均为 RGB 模式
set_font(font)                                 # 字体：bauhs93 为预设大号字体；tt14 为预设小号字体
bauhs93                                        # 艺术字体
glcdfont                                       # 细线字体
tt14                                           # 小号字体
tt24                                           # 中号字体
tt32                                           # 大号字体
```

(5) 示 例

```
import pyb
import lcd
import sensor

LCD = lcd.lcd()    # lcd 模块
csb = sensor.Ultrasonic()    # 超声波传感器
accel = pyb.Accel()    # 内置加速度传感器
while True:

    d = csb.distance()    # 测距
    LCD.chars('s1234n',60,70)    # 显示文字
    LCD.hline(0,130,240,color = 0x03E0)    # 深绿色横线
    LCD.chars('X: ' + str(accel.x()),50,140)
```

```
    LCD.chars('Y: '+str(accel.y()),100,140)
    LCD.chars('Z: '+str(accel.z()),160,140)
    #显示测距数值
    LCD.chars(str(d),60,170)
    LCD.chars('cm',160,170)
    #使用print显示字符
    LCD.set_pos(60,210)
    LCD.print(str(d)+'cm')
    pyb.delay(1000) #延时1s
```